LES

TRAVAUX PUBLICS

AUX

ÉTATS-UNIS

PAR

M. GRILLE
INGÉNIEUR CIVIL DES MINES

M. LABORDE
INGÉNIEUR DES ARTS ET MANUFACTURES

PARIS

E. BERNARD et Cie, IMPRIMEURS-ÉDITEURS

53ter Quai des Grands-Augustins, 53ter

1896

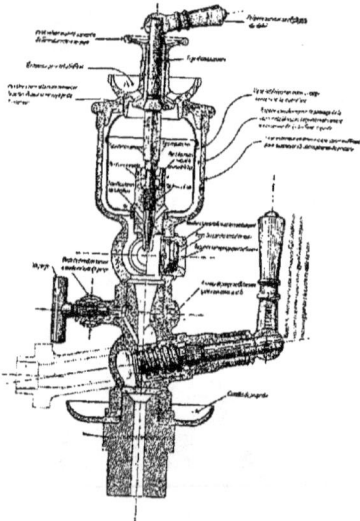

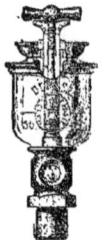

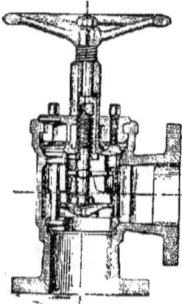

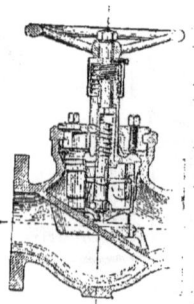

LES

TRAVAUX PUBLICS

AUX

ETATS-UNIS

PARIS. — IMPRIMERIE E. BERNARD ET Cie

23, RUE DES GRANDS-AUGUSTINS, 23

LES

TRAVAUX PUBLICS

AUX

ÉTATS-UNIS

PAR

M. GRILLE	**M. LABORDE**
INGÉNIEUR CIVIL DES MINES	INGÉNIEUR DES ARTS ET MANUFACTURES

PARIS

F. BERNARD et Cie, IMPRIMEURS-EDITEURS

53 ter Quai des Grands-Augustins, 53 ter

1896

DIXIÈME PARTIE

TRAVAUX PUBLICS

LES TRAVAUX PUBLICS AUX ETATS-UNIS

ET

A L'EXPOSITION DE CHICAGO

AVANT-PROPOS

Les travaux publics, aux États-Unis, ne ressemblent en rien à ceux de l'Europe, œuvres de l'initiative privée, ou locale, ils présentent un caractère de simplicité d'économie pratique bien différent de ce que nous remarquons en général partout ailleurs ou, ces travaux étant confiés à des agents du gouvernement ou tout au moins à leur contrôle direct la question temps et argent a une importance bien moins grande.

Dans les chemins de fer nous avons déjà montré combien le caractère industriel individuel était tranché, combien les travaux, developpés sous le rapport superstructure étaient réduits au minimum pour l'infrastruture ; surtout dans les débuts ; ce n'est que lorsqu'une ligne *paie*, suivant l'expression consacrée, qu'on procède aux installations définitives.

La division par états autonomes subdivisés en comtés, ayant une vie propre, l'indépendance des villes qui s'administrent elles-mêmes ont contribué à maintenir dans les travaux publics le caractère spécial de concurrence industrielle qu'on rencontre à chaque pas.

Même les rares travaux exécutés par le corps des ingénieurs militaires, rectifications des cours d'eau, etc., etc., sont plutôt le résultat des efforts individuels, que celui d'un corps stable et imbu de doctrines spéciales et immuables.

Cette manière d'être toute spéciale, a aussi ses inconvénients. Il est certain que les travaux de voirie sont très mauvais, comme c'est tout le monde qui en souffre, le *tout le monde*, n'a qu'un intérêt partiel à l'amélioration, et chacun préfère s'occuper de ses affaires personnelles.

Mais à côté de cela que d'avantages au point de vue scientifique et industriel, partout absence de routine, essai de tous les côtés d'améliorations, de réduction des dépenses, etc., et enfin économie finale.

Dans le cours de cette publication nous comptons essayer de faire comprendre cet état d'esprit spécial qui caractérise les grands travaux en Amérique.

Notre examen portera plutôt sur ce qui s'est fait en dehors qu'en dedans de l'exposition, les modèles et dessins exposés ne donnaient qu'une faible idée des travaux réels.

L'Allemagne avait une fort belle exposition de dessins et quelques modèles, tous les grands travaux d'Allemagne étaient décrits et exposés avec soin. La France avait quelques dessins exposés par des compagnies. Five-Lille, la Chambre de commerce de Dunkerque, Moisan, etc., etc. Mais il nous semble oiseux de parler ici des travaux d'Europe si connus par les Ingénieurs dignes de ce titre, ce qui peut les intéresser, ce sont les travaux exécutés en Amérique, pays si près et cependant si ignoré en général.

Les travaux publics ou pour mieux dire les travaux de construction, se composent, des ponts, des travaux de port, des phares, canaux, écluses, égouts, alimentation des villes, barrages, etc., etc. Nous avons essayé de réunir les exemples les plus nouveaux et les plus caractéristiques exécutés pendant ces dernières années aux États-Unis; nous espérons arriver à montrer à nos lecteurs que l'absence de réglementation n'a nuit en rien à l'exécution de grands et remarquables travaux, et qu'au contraire l'initiative individuelle a eu les plus heureux résultats. Nous signalerons toutefois les inconvénients que nous avons cru remarquer à côté des avantages reconnus.

En tête des travaux importants rencontrés en Amérique à chaque pas, sont les ponts, en effet, sur une grande partie du vaste territoire des États-Unis, la configuration est telle que les seuls obstacles rencontrés, pour l'établissement des chemins de fer, ce sont les cours d'eau, larges, profonds et difficiles à franchir.

A l'époque actuelle, les ponts sont généralement construits en fer ou en acier, ou pour mieux dire en métal fondu, autrefois le prix du métal était tellement élevé qu'on ne pouvait songer à son emploi.

La meilleure manière de se rendre compte de la construction actuelle, est, à notre avis d'en étudier le développement depuis le commencement des grands travaux en Amérique.

Si en Europe on voit passer la construction des ponts de la maçonnerie au fer, au contraire en Amérique, on la voit partir du bois pour arriver à l'emploi de la même matière. On pourrait bien citer quelques exemples de ponts de bois en Europe et de ponts de pierre en Amérique, mais ce sont des exceptions qui n'influent pas sur la règle générale.

L'Amérique s'est trouvée dans une situation tout à fait exceptionnelle : avoir à sa disposition des forêts vierges avec l'outillage moderne pour les employer. Les scieries à eau ou à vapeur ont permis de livrer des bois de charpente à un prix inconnu.

Les forêts, composées de pins blancs donnaient un bois léger, sain, facile à travailler, de droit fil, vingt fois aussi résistant à poids égal que la pierre et pesant cinq fois moins à volume égal, pesant quinze fois moins que le fer et ayant encore $\frac{1}{12}$ de sa résistance. Aussi il était impossible de trouver une matière pouvant lui être opposée pour la construction de ponts destinés à satisfaire à des besoins immédiats.

Pourtant on pouvait lui reprocher trois grands défauts, son défaut de durée, surtout lorsque l'ouvrage est exposé aux alternatives de pluie et de soleil, sa combustibilité, l'impossibilité où on se trouve de renforcer des pièces primitivement établies, enfin, les assemblages pour les pièces travaillant à la tension sont difficiles à exécuter convenablement.

Cependant, à résistance égale le prix d'un pont en bois ne dépassait pas $\frac{1}{20}$ du prix d'un pont en fer, et les dépenses résultant de remplacements fréquents n'atteignent même pas l'intérêt de l'argent qui aurait été engagé dans la construction d'un pont métallique.

Aussi autrefois l'emploi du bois était-il absolument général, on allait même jusqu'à construire les piles en charpente en remplissant la carcasse de bois, de pierres pour lui donner de la stabilité.

Mais il faut bien le dire, autrefois, cette méthode était sage, alors qu'elle serait mauvaise à l'heure actuelle avec le développement des moyens de transport, l'élevation du prix du bois dans beaucoup d'États coïncidant avec l'abaissement du prix de l'acier.

Si on va vers l'ouest, si par exemple on suit la merveilleuse ligne du Canadian Pacific, une des plus admirables productions du génie humain, on voit les ponts en bois, les estacades en charpente se multiplier à mesure qu'on s'avance vers les montagnes rocheuses. Ce bois si dédaigné en Europe, parce qu'on n'en possède plus, a seul permis à cette ligne de traverser aussi rapidement le continent, et là, avec les capitaux engagés le temps était le facteur principal; si on avait dû attendre la construction d'immenses viaducs, de remblais considérables, de ponts à grandes travées, le chemin serait encore à faire.

Le bois fait peu à peu place au fer, c'est dans l'ordre naturel des choses, et on peut prévoir une date peu éloignée où tous les ponts seront en acier, et les grands remblais en terre.

Les premiers ponts métalliques n'ont fait leur apparition, en Amérique, et encore très timidement qu'en 1860, bien que le développement réel ne date que de 1863 ou 1864 après la guerre de l'indépendance.

Deux courants bien marqués se sont produits : la méthode du nord et la méthode du sud.

L'école du nord a été fondée par Squire Whipple et l'école du sud par Fink, ingénieur du Baltimore and Ohio Railroad.

Ces deux ingénieurs employaient des treillis et déterminaient les sections d'après des méthodes qui sont restées à peu près les mêmes jusqu'à maintenant.

Dans le nord les ponts en fer n'étaient que des ponts de bois dans lesquels les pièces travaillant à l'extension étaient en fer et les pièces comprimées en fonte, la semelle supérieure travaillant à la compression et la semelle inférieure à l'extension.

Dans le sud, au contraire, on est parti de la poutre armée, dans laquelle on ne remplaçait qu'une partie des pièces de bois par du fer. Prenant une poutre, si on voulait doubler sa portée, on constituait la nouvelle poutre en assemblant deux poutres bout à bout, on plaçait au milieu un poinçon et deux tirants en fer. Les portées pouvaient être ainsi allongées indéfiniment. Plus tard, on a employé des tirants de longueurs inégales et des poinçons placés à distance égale en différents points de la poutre, et on a obtenu ainsi le système Bollman. Il y a

25 ans ce modèle était adopté d'une manière générale sur le réseau de Baltimore and Ohio.

Plus tard avec le développement des constructions métalliques les types du nord et du sud se combinèrent, la fonte étant employée pour les pièces travaillant à la compression et le fer pour celles qui travaillaient à la tension, les assemblages étaient faits généralement au moyen de clavettes, mais aussi avec des écrous, les appuis des pièces comprimées se faisaient carrément.

Toutefois on pouvait remarquer une exception à la règle générale. Le New-York Central employait des ponts en treillis, dérivés des ponts adoptés d'une manière générale en Europe. Il est à remarquer que ce n'est pas par manque d'expérience que les américains ont abandonné la poutre en éléments rivés, puisque ce système avait reçu un développement considérable.

Le progrès réalisé ensuite fut l'extension de l'emploi du fer, dans la construction des pièces comprimées, d'abord pour les pièces de grande dimension, enfin pour toutes. Cependant les assemblages étaient encore en fonte, à cette époque on considérait qu'il fallait éviter avant tout les efforts secondaires obliques, on calculait un pont de manière à ce que tous les efforts fussent transmis d'un élément à un autre suivant la ligne des centres d'articulation.

Vers 1870 M. Post introduisit dans la pratique un nouveau type, la poutre Post, trop connue pour qu'on en parle longuement, rappelons que tous les éléments étaient articulés sur des arcs aussi bien pour la semelle supérieure que pour la semelle inférieure, avec cette différence que dans la première les éléments venaient butter les uns contre les autres. Le tablier était suspendu avec articulations.

Cette poutre admirablement étudiée pour éviter toute surcharge, avait l'inconvénient de donner une poutre qui manquait absolument de rigidité.

Il est à remarquer que dès cette époque on était arrivé à supprimer tout travail de rivetage sur place, les pièces arrivant absolument prêtes des ateliers, l'assemblage se réduisant à un remontage des pièces les unes avec les autres.

Le système Post avait fait disparaître la fonte de la construction des ponts, et aussi le travail d'assemblage sur le chantier, les deux progrès étaient énormes surtout le second qui a décidé du développement de la construction des ponts américains, non seulement aux États-Unis, mais à l'étranger où les constructeurs américains ont pu lutter avec avantage précisément à cause de l'avantage énorme que présentait l'absence de travail de chantier, et la précision d'un travail fait à l'usine. Enfin peu de temps après le bois disparaissait des pièces de pont et du platelage pour ne laisser place qu'au pont entièrement métallique.

Le type actuellement employé, représentant la construction type américaine date de 1880, la fonte a complètement disparu, la semelle inférieure est composée d'éléments rivés ainsi que les pièces de pont, la poutre Pratt dans laquelle les pièces travaillant à la compression sont verticales est généralement employée, et a réalisé une grande rigidité au détriment de l'application théorique des efforts aux articulations. Enfin l'exécution est plus soignée, le métal de meilleur qualité. La rigidité s'étant accrue, le ferraillement fréquent autrefois a complètement disparu dans les ponts bien construits.

Pour les ponts de faible portée, on emploie des poutres à âme pleine, et la tendance est à allonger encore ces poutres à mesure que les usines livrent des profils plus longs, la coutume étant de construire ces ponts sans assemblages. Des ponts de 20 mètres ont été déjà livrés, les poutres sortant de l'usine d'une seule pièce.

Cependant certaines usines préfèrent livrer des poutres rivées en treillis pour les portées de 25 à 30 mètres.

On a reconnu qu'il était indispensable dans les grands ponts de rendre le tablier proprement dit indépendant le plus possible de la poutre, au point de vue de la dilatation. Un plus grand soin a été apporté au contreventement.

Facile dans les ponts à poutres inférieures où on dispose de toute la hauteur du pont, le contreventement devient difficile avec les ponts à tablier intérieur, en effet si la poutre n'est pas assez haute pour permettre l'entretoisement des deux semelles supérieures par en dessus il faut se contenter d'une hauteur réduite.

Enfin on a de beaucoup amélioré les dispositifs destinés à faciliter la dilatation, plaques, rouleaux, etc., et, en augmentant le diamètre de ceux-ci on les a réduits comme cela arrive souvent en Europe à de simples secteurs.

Le cantilever a été en grande faveur en Amérique, c'est surtout parce qu'il permet de construire des ponts à grande ouverture sans ponts de service ni échafaudage, avantage commun avec les ponts suspendus, mais avec la rigidité en plus. Aussi dès que la construction des échafaudages devient difficile, on voit apparaitre ce système qui a donné, avec les systèmes de poutres américaines des résultats remarquables, comme légèreté, rapidité, dimension et économie.

Les travaux de ports, n'ont pas suivi une marche aussi brillante et aussi rapide que la construction des ponts, cependant, surtout dans les dernières années, des progrès importants ont été réalisés, et des murs de quai en maçonnerie viennent remplacer les travaux en bois qu'on rencontrait partout. C'est que ces travaux de longue haleine demandent une immobilisation considérable de capitaux, et que en général on préfère se contenter de quais sur pilotis rendant de bons services sans coûter aussi cher.

Au contraire, dans les travaux de digues, balisage, etc., destinés à améliorer la navigation, les américains ont réalisé des progrès énormes et dans le cours de notre étude, nous ne donnerons qu'une faible idée du développement que ces travaux ont pris. Quand nous parlons ports, il ne s'agit pas seulement des ports des deux Océans, mais encore des grands lacs dont les ports reçoivent les tonnages les plus grands du monde.

Les travaux de balisage, des phares, sont très complets, nous signalerons en passant le balisage des passes de Chicago sur 18 mètres de longueur au moyen de deux rangées de bouées lumineuses à la lumière électrique, dont le courant était fourni par une station centrale à terre, au moyen d'un câble de distribution posé dans le fond du lac et branché sur chaque bouée.

L'abondance des bois en grands échantillons, la nature des fonds souvent mauvaise ont déterminé l'emploi du bois sur une large extension et avec un caractère de permanence que nous ne sommes pas habitués à voir en Europe.

Ne donnant rien au luxe des quais, murs de soutènement, etc., etc., les américains ont au contraire appliqué des capitaux considérables à la manutention des marchandises. Les installations mécaniques sont générales, très complètes et toujours bien étudiées. Nous avons parlé à propos des mines des appontements des grands lacs pour le déchargement des minerais de fer du lac Supérieur, nous citerons encore les appontements de Buffalo pour les charbons, ceux de Philadelphie, en un mot, à peu près tous les ports sont remarquablement outillés. Les élévateurs à blé, si connus, ne sont en réalité qu'un élément de cet outillage.

Les grandes grues à bascule, permettant de prendre un wagon de 30 tonnes de chargement en vrac et de le décharger d'un seul coup dans une cale de navire, deviennent d'un emploi de plus en plus fréquent.

Ce développement de l'emploi des moyens mécaniques qui suppose dans la population ouvrière une intelligence supérieure à celle qu'on rencontre dans la même classe en Europe, s'est étendu aux travaux publics dont les chantiers deviennent de vastes ateliers où la force mécanique se trouve utilisée de toutes les manières possibles.

Nous ne dirons que quelques mots des dragues et des excavateurs dont l'emploi est absolument général, instruments à très grande puissance toujours, mais nous signalerons l'emploi des perforatrices même pour de très petits chantiers ; de la transmission de force électrique permettant d'actionner tous les engins d'un chantier par une usine centrale unique, en appliquant la traction électrique au remorquage des wagons de terrassement et l'emploi des grues à grande portée à manœuvre mécanique permettant d'atteindre en faisant recouper les cercles de giration d'un jeu de grue, toutes les parties d'un chantier de maçonnerie.

Ce n'est qu'en employant ces engins que les travaux immenses entrepris aux États-Unis ont pu être menés à bien en aussi peu de temps et avec une main-d'œuvre aussi élevée.

L'emploi des câbles de service a permis également d'entreprendre avec économie des travaux dont l'importance était surtout en longueur et en hauteur, des barrages, des ponts, l'exploitation de carrières, de forêts, etc., etc., un petit nombre d'hommes pouvant exécuter rapidement un travail qui nous nécessiterait énormément de temps et de main-d'œuvre.

C'est cette tendance de plus en plus marquée de l'emploi de la force mécanique que nous voudrions faire toucher du doigt au lecteur, et sur laquelle nous insistons le plus. Nous avons encore de grands progrès à réaliser sous ce rapport en Europe, et par conséquent le champ grand ouvert pour le perfectionnement.

Par contre, on rencontre peu de canaux. C'est qu'en réalité le canal est un instrument de transport très onéreux, il n'est en général économique que là où, comme en France, un État généreux prend à sa charge l'intérêt du capital de l'établissement et l'entretien, ne laissant au public que les frais d'exploitation et de traction.

Certainement si on devait retrancher des dépenses des chemins de fer ces deux éléments, les tarifs pourraient être singulièrement réduits.

Mais en Amérique où il n'y a pas de gouvernement pour construire des canaux dans des conditions aussi peu rémunératrices, il n'y a que les canaux susceptibles de donner des dividendes qui ont été établis sauf une ou deux exceptions où l'État est intervenu comme en Europe.

Les chemins de fer ont fait une concurrence terrible à la navigation, même sur les grands fleuves et il n'y a en réalité que sur ces derniers et sur les lacs qu'elle peut lutter avec succès.

Nous ne parlerons pas des travaux de voirie, il vaut mieux se taire sur ce sujet car ce service n'existe pas en Amérique. Il est honteux de voir ce peuple si entreprenant produisant tant de belles et bonnes choses, raffiné dans son confort intérieur, vivre au milieu d'immondices encombrant des cloaques infects et boueux qui constituent les chaussées des rues.

A part deux ou trois voies de communication à New-York, et la ville de Washington, toutes les autres rues de toutes les villes de l'est et de l'ouest sont au-dessous de tout ce qu'on peut imaginer. Quant aux routes, elles existent en général à l'état de pistes poudreuses en été, de fondrières impraticables en automne et au printemps, il n'y a que par la neige qu'elles soient praticables.

Au point de vue des égouts, un mouvement intéressant s'est produit dans ces dernières années et il semble probable que d'ici quelques temps avec l'activité qu'apportent les américains en tout, une fois qu'ils ont commencé, les principales villes seront outillées d'un bon système d'égout.

Les alimentations en eau pèchent encore beaucoup par l'origine des eaux souvent contaminées. Certes il en est ainsi trop souvent en Europe, mais au moins là on a encore l'excuse du passé qui entrave le présent, tandis qu'aux États-Unis il serait encore facile de trouver des eaux pures en quantité suffisante.

La purification des eaux d'égouts nous arrêtera quelques instants, on a beaucoup à faire dans ce sens, partout, et surtout là-bas.

Nous dirons aussi quelques mots des grandes constructions, gares, maisons, ainsi que des tunnels que les américains avaient évités autant que possible, grâce à l'absence de reliefs élevés dans la plus grande partie des Etats-Unis. Mais c'est une solution trop commode pour être toujours évitée, et, bien souvent pour éviter un travail souvent très simple on s'est lancé dans de grandes complications.

Nous sortirons donc souvent du cadre de l'exposition proprement dite, car les grands travaux dont nous parlerons ne pouvaient être exposés que par des dessins ou des notices, mais il nous a semblé qu'une exposition si éloignée ne pouvait pas être étudiée seulement dans son enceinte, mais qu'il était utile de regarder de temps en temps à côté.

PREMIÈRE PARTIE

PONTS, CHARPENTES ET CONSTRUCTIONS CIVILES

CHAPITRE PREMIER

CONSIDÉRATIONS GÉNÉRALES
SUR LES PONTS ET CHARPENTES

Le gouvernement des États-Unis n'a pas jugé nécessaire, comme le gouvernement français l'a fait à deux reprises par les circulaires du ministre des Travaux publics en date du 9 juillet 1877 et du 29 août 1891, de réglementer les qualités des matières premières, les essais, les surcharges d'épreuve, et les limites du travail auxquelles doivent satisfaire les ouvrages métalliques d'art.

La latitude complète laissée à l'initiative privée fait ainsi constamment bénéficier, et jour par jour, les nouveaux ouvrages des progrès incessants réalisés par la métallurgie. Sous ce rapport, nous sommes d'avis qu'une réglementation quelconque est non seulement inutile, mais nuisible, si elle ne peut s'adapter, se prêter à chaque construction particulière.

En Amérique, on hésite d'ailleurs bien moins que sur le continent à remplacer un ouvrage qui dans un avenir prochain ne répondra plus, soit aux exigences du trafic, soit au passage de charges plus considérables. Les renforcements, si fréquents en France, sont là-bas l'exception, les changements prédominent.

. Étant donné un ouvrage métallique à exécuter, les intéressés prévoient le plus souvent, dans un cahier d'adjudication, la nature générale de l'ouvrage, les charges et surcharges auxquelles il devra résister, mais là se bornent les indications. Une fois l'appel fait à la concurrence et les projets remis aux intéressés, ceux-ci examinent s'il y a lieu d'approuver à la fois le projet de construction et les matières premières proposées.

C'est donc exactement le contraire de ce qui se passe en France, où l'initiative des compagnies et sociétés industrielles n'existe pas en ce qui concerne les matières premières, et leur emploi judicieux. En Amérique, étant donné un thème général, les constructeurs proposent un projet, et les intéressés décident s'il y a lieu de l'accepter.

Le mauvais côté de cette absence complète de toute réglementation, consiste justement en ce que l'intéressé auquel diverses propositions sont soumises, est à la fois juge et partie. De ses opinions personnelles, plus ou moins modifiées, ou du moins susceptibles de l'être, par le désir d'une construction économique, proviennent les accidents, souvent graves, des viaducs américains, il y certainement un juste milieu à observer entre les deux manières de faire, sans tomber dans la liberté absolue à l'ordre du jour en Amérique, on pourrait ne pas imposer une science officielle qui ne tarde pas à être surannée, car elle ne saurait précéder les progrès de la science industrielle, mais seulement la suivre de bien loin. Les progrès suivant une courbe continue, et les règlements ne pouvant procéder que par étages successifs, on voit combien ces derniers peuvent être nuisibles s'ils ne présentent pas l'élasticité suffisante.

M. Thomson, le grand constructeur américain, auquel est dû en grande partie l'accroissement de rigidité des récents ouvrages métalliques en Amérique, a fort bien reconnu la nécessité de réviser et d'accroitre les sévérités des essais. Beaucoup de ponts, dont les différentes parties n'avaient cependant été reçues qu'après examen, ont montré des signes de défectuosités évidentes. Nous n'avons malheureusement pas les faits auxquels M. Thomson fait allusion ni les conditions de résistance qui étaient imposées.

Le grand constructeur n'accroît cependant pas énormément les limites de résistance et d'élasticité exigées depuis quinze ans déjà, mais il appelle surtout l'attention sur la qualité des matières employées. Il demande également que l'acier soit entièrement fabriqué sur sole acide et que les loupes ne pèsent jamais plus de sept tonnes.

M. Thomson impose donc des conditions plus sévères que celles du Lloyd's ou celles de l'Amirauté, quoiqu'en laissant un champ plus libre à l'initiative des métallurgistes. Il est bon de noter cependant que, depuis quelques années déjà, les règlements du Lloyd's prohibaient l'usage d'acier basique, malgré même les bons résultats donnés par des échantillons soumis aux essais.

Aucune règle particulière n'est généralement exprimée en ce qui concerne les efforts de tension ou de compression, mais en Amérique plus que partout ailleurs, toutes les pièces comprimées susceptibles d'être construites en acier, sont fabriquées avec ce métal.

L'emploi judicieux de la fonte avait conduit depuis longtemps à d'excellents résultats, nous citerons par exemple le pont sur le « Wear », à Sunderland et pour prendre un exemple américain plus récent, le viaduc construit sur le Mississipi, à Quincy. Le premier de ces ouvrages d'art est construit presque depuis un siècle. Le pont sur le Mississipi, construit il y a vingt-cinq ans, est encore en service et a fort bien supporté l'accroissement énorme des poids roulants dans ces dernières années ; les membrures et pièces comprimées de ce pont sont en fonte, les membrures et pièces tendues en fer forgé, d'excellente qualité.

Nous rappellerons ici la tentative anglaise faite au pont du Forth, au point de vue de l'emploi de deux qualités d'acier différentes pour les membrures comprimées et les membrures tendues. C'est, croyons-nous, le seul exemple de ce genre en Europe. Souvent on emploie des aciers différents pour les membrures, et les treillis des poutres principales, ainsi que pour les poutrelles, pièces de contreventement, comme on le dira plus loin, par exemple, dans cet ouvrage, du pont de Memphis (Tennessée). Dans la plupart des pays, une telle construction serait d'ailleurs contraire aux règlements administratifs. Nous pensons qu'il y aurait lieu d'appliquer cette tentative, dans les mêmes limites de variations, et que l'emploi d'un acier plus dur pour les pièces comprimées que pour celles tendues s'impose au point de vue économique. On réduirait en effet, sans danger, par l'emploi judicieux des propriétés des divers aciers, dans des proportions souvent considérables, le poids des pièces comprimées. On sait combien est faible généralement le coefficient du travail du métal dans ces pièces, et quel surcroit de dimen-

sions il est nécessaire de leur donner pour éviter toute chance de flambage.

En Amérique, comme en France, les essais doivent constater une limite d'élasticité et un effort de rupture variables dans des limites données. Suivant M. Thomson, l'acier pour ponts doit présenter une limite
élastique de 26 k., 75, avec une résistance à la tension de 40 k., 82
à 45 k., 75. L'allongement minimum, mesuré sur une éprouvette
de 203 millimètres de longueur, doit être de 26 % pour les tôles qui ne
présentent pas plus de 0ᵐ,914 de largeur, et de 24 % au-dessus de cette
dimension ([1]).

Passons maintenant à l'examen des charges roulantes.

Les tableaux ci-après, pages 15 à 23 ont été publiés sous une forme
légèrement différente par M. Baldwin, membre de la Société des Ingénieurs civils d'Amérique, dans les comptes rendus ou « transactions »
de cette Société. Ces données résultent des réponses faites à une lettre
circulaire envoyée aux grandes compagnies de chemin de fer, et permettent la comparaison des diverses charges roulantes qui, en 1893, ont
été imposées aux différents constructeurs comme charges-types — soit
très à peu près toutes les surcharges en usage aux États-Unis.

---

1. M. Thomson, dans la même étude, propose pour les aciers des chaudières 40 k., 95
à 47 k., 24 avec 20 °/₀ d'allongement, et pour l'acier des constructions navales 44 k., 10
à 50 k., 4, avec 16 °/₀ seulement. Tous ces coefficients étant mesurés sur des éprouvettes
de 203 millimètres de longueur.

Tableau comparatif des différents trains-types, en usage aux États-Unis en 1898.

Compagnie	N°											
W. and L. E. Ry.	1	6.800ᵏ 2ᵐ464	1,752	1,372	2,159	1,473	1,727	1,473	2,743	2ᵉ locomotive	1,219	3.840ᵏ
C. G. W. Ry.	2	6,800 2,469	1,797	1,372	2,134	1,250	1,707	1,250	2,748	»	0,762	5,210
F. Ft. W. and W. R. R. / C. H. V. and T. Ry. / H. and B. S. R. R.	3	10,410 2,286	1,372	1,372	3,200	1,524	1,324	1,524	2,438	»	0,914	4,470
G. and H. R. R. / E. and W. R. R. of A. / P. Br Co / C. and W. M. Ry. / N. and Ft. S. Ry. / F. and P. M. R. R. / L. V. R. R. / f. A. A. and N. M. Ry. / T. and O. C. Ry.	4	6,800 2,464	1,755	1,372	2,159	1,473	1,727	1,473	2,743	»	1,219	4,470
W. Ry of A	5	6,400 2,500	1,708	1,372	2,286	1,524	1,524	1,524	2,438	»	0,914	1,470
N. Y. O. and W. Ry.	6	7,960 2,286	1,373	1,321	8,378	1,575	1,626	1,575	2,311	Train de locomot.		
K. C. and J. A. L. / M. P. Ry. / K. C. O. and S. R. R.	7	7,960 2,438	1,372	1,372	1,743	1,524	1,524	1,524	1,134	2ᵉ locom.	0,914	4,470
E. and T. H. H. R. R.	8	7,980 2,438	1,829	1,372	2,438	1,524	1,524	1,524	2,438	»	0,914	5,210

Tableau comparatif des différents trains-types, en usage aux États-Unis en 1893 (suite).

E. T. V. and G. R. R. . .	9	7.080	2m,525	12.970 1,473	12.970 1,321	12.970 1,473	13.610 3,340	9.070 1,321	9.670 1,980	9.670 1,821	9.670 3,275	7.080 2e locom.	9.070	5.960
D. and R. G. R. R . . .	10	9.070 1,524	13.610 1,372	13.610 1,872	13.610 1,379	13.610 0,048	7.960 1,524	7.960 1,524	7.960 1,524	7.960 1,524	9.800	»	7.960	4.470
C. S. Ry	11	6.800 2,438	13.610 1,676	13.610 1,372	13.610 1,372	13.610 2,748	8.170 1,219	8 1,829	8 1,219	8.170 1,488	6.800	»	8.170	4.470
B. C. R. O. and N. Ry C. C. W. Ry . C. H. and D. Ry . C and M. Ry . . F. C. and P. R. R . G. M. and G. R. R. . K. C. Ft. S. and M. R. R. M. C. R. R. . . M. L. S. and W. Ry P. S. and L. E. R.R . P. and R. V. Ry . St. L. N. P. Co . St. L. S. Ry . T. R. R. A. of St. L. . S. C. and P. R. R. . . S. and N. R.R . .	12	7.960 2,464	13.610 1,758	13.610 1,372	13.610 1,372	13.610 2,150	8.170 1,473	8.170 1,727	8.170 1,473	8.170 2,748	7.960	»	8.170 1,219	4.470
G. St. P. M. and O. Ry . .	13	7.080 2,438	13.610 1,524	13.610 1,324	13.610 1,524	13.610 3,952	9.070 1,524	9.070 1,524	9.070 1,524	9.070 2,438	7.080	»	0.914 0,914	5.210
S. A. L.	14	5.440 2,488	13.610 1,524	13.610 1,524	13.610 1,524	13.610 2,134	8.170 1,524	8.170 1,829	8.170 1,524	8.170 2,748	5.440	»	8.170 1,219	5.960

Tableau comparatif des différents trains-types, en usage aux États-Unis en 1893 (suite).

Compagnie	N°												
O. C. R. R.	15	7.960 k / 2,436	13.610 / 1,499	13.610 / 1,499	13.610 / 1,499	13.610 / 2,748	9.960 / 1,872	9.960 / 1,524	9.960 / 1,872	9.960 / 2,438	7.960 / »	9.960 / 0,914	5.960
P. L. W. of P. . . . . / G. R. and I. R. R . .	16	6.800 / 2,388	13.610 / 1,422	13.610 / 1,321	13.610 / 1,422	13.610 / 3,277	9.070 / 1,448	6.800 / 1,778	9.070 / 1,448	9.070 / 2,591	6.800 / »	9.070 / 0,762	5.960
P. R. R. . . . . / C. F. and Y. V. R. R . . / G. C. and C. R. R. . . / M. T. and M. R. R. . .	17	7.960 / 2,438	13.610 / 1,372	13.610 / 1,372	13.610 / 1,372	13.610 / 3,505	7.960 / 1,524	7.960 / 1,676	7.960 / 1,524	9.960 / 2,438	9.960 / »	9.960 / 0,914	5.960
G. C. and N. Ry.	18	6.350 / 2,436	13.610 / 1,524	13.610 / 1,524	13.610 / 1,524	13.610 / 3,358	7.710 / 1,524	7.710 / 1,524	7.710 / 1,524	6.350 / 2,436	6.350 / 7.710	0,914	5.960
C. and A. R. R.	19	6.350 / 2,184	13.610 / 1,524	13.610 / 1,594	13.610 / 1,524	13.610 / 3,048	7.710 / 1,524	7.710 / 1,524	7.524 / 1,524	7.710 / 2,438	6.350	7.710 / 0,914	5.960
L. S. and M. S. R. R. . .	20	6.960 / 2,184	13.610 / 1,524	13.610 / 1,524	13.610 / 1,524	13.610 / 3,048	7.710 / 1,524	7.524 / 1,524	7.710 / 1,524	7.710 / 2,438	6.350	Trains de locom.	
C. and O. R. R. . . . / N. N. and M. V. R. R . .	21	7.710 / 2,337	13.610 / 1,473	13.610 / 1,321	13.610 / 1,473	13.610 / 3,518	9.070 / 1,524	9.070 / 1,473	9.070 / 1,524	9.070 / 2,870	7.710 / 2e locomot.	9.070 / 1,041	5.960
B. R. and P. Ry . . .	22	7.960 / 2,261	13.610 / 1,524	13.610 / 1,219	13.610 / 1,524	13.610 / 3,200	9.070 / 1,422	9.070 / 1,600	9.070 / 1,422	9.070 / 2,565	7.260	9.070 / 0,914	5.960
C. R. and B. C. of G . .	23	7.960 / 2,438	13.610 / 1,524	13.610 / 1,524	13.610 / 1,524	13.610 / 3,352	8.170 / 1,524	8.170 / 1,524	8.170 / 1,524	8.170 / 2,438	7.260 / »	8.170 / 0,914	5.960

Tableau comparatif des différents trains-types, en usage aux États-Unis en 1893 (suite).

F. R. R.	24	6.800ᵏ 2ᵐ,438	13.510 1,521	13.510 1,524	13.510 1,524	13.510 2,819	9.070 1,219	9.070 1,829	9.070 1,219	9.070 3,277	6.800	»	9.070 1,219	6.260
C. C. C. and St. L. Ry.	25	1ᵐ,067 5.960ᵇ 7.710 2,438	14.060 1,433	14.060 1,311	14.060 1,483	14.060 3,048	9.980 1,524	9.980 1,524	9.980 1,524	9.980 2,438	7.710	»	9.980 1,372	5.960
D. L. and W. Ry	26	9.070 2,438	14.520 1,372	14.520 1,372	14.520 2,591	9.980 1,372	9.980 1,829	9.980 1,372	9.980 2,743	9.070	»	9.980 1,067	5.960
L. and N. Ry. N. C. et St. L. Ry.	27	9.070 2,337	14.528 2,082	14.520 1,372	14.520 1,372	14.520 2,896	10.200 1,422	10.100 2,159	10.200 1,422	10.200 1,829	9.070	»	10.200 0,762	5.210
N. P. R. R.	28	1ᵐ,219 4.470ᵇ 7.260 2,438	16.420 1,448	15.420 1,287	15.420 1,448	8.810	9.070 1,372	9.070 1,676	9.070 1,372	2,438 7.260	»	9.070 1,219	4.470
W. R. R.	29	6.900 2,388	15.880 1,422	15.880 1,321	15.880 1,422	8.404	8.170 1,524	8.170 1,524	8.840 2,540 6.800	»	8.840	5.210
C. and E. I. R. R. N. Y. L. E. and W. R. R. N. D and C. R. R.	30	6.800 2,438	15.880 1,372	15.880 1,372	15.880 2,184	10.430 1,524	10.430 1,676	10.430 1,524	2,438 6.800	»	10.430 0,914	5.960
M. C. R. R.	31	6.250 2,184	16.380 1,524	16.380 1,524	16.380 3,048	9.980 1,402	9.980 2,012	9.980 1,402	2,438 6.350	»	9.980 1,219	5.960
P. and R. R. R. L. I. R. R.	32	7.960 2,464	16.330 1,499	16.330 1,321	18.140 1,346	16 339 3,912	9.300 1,524	9.300 1,702	10.200 1,524	10.200 2,261 7.260	»	10.200 1,219	5 960
E. and T. H. R. R.	33	9.070 2,488	15.880 1,829	15.880 1,372	15.880 1,372	15.800 2,438	9.070 1,524	9.070 1,524	9.070 1,524	9.070 2,438	9.070	»	9.070 0,914	5.960

Tableau comparatif des différents trains-types, en usage aux États-Unis en 1898 (suite).

C. V. R. R.	34	7.500 k	2",438	18.140	1,872	18.140	1,872	18.140	1,872	18.140	3,962	9.980	1,524	9.980	9,676	9.980	1,524	9.980	1,438	7.980	»	9.980	1,219	5.060
A. G. S. R. R.	35	7.360	2,438	18.140	1,372	18.140	1,372	18.140	1,372	18.140	2,438	10.360	1,219	10.360	1,829	11.360	1,219	11.360	2,438	7.360	»	11.360	0,914	5.960
L. N. A. and C. Ry.	36	7.260	2,413	18.140	1,473	18.140	1,321	18.140	1,473	18.140	3,251	7.710	1,651	7.710	1,549	9.070	1,651	9.070	2,320	7.260	Train de locom.
L. V. R. R. / E. J. and E. R. R. / D. and H. C. Co. / P. and R. F. Ry.	37	7.260	2,464	18.110	1,753	18.140	1,372	18.140	1,372	18.140	2,159	8.710	1,473	8.170	1,727	9.070	1,473	9.070	2,743	7.260	»	9.070	1.219	5.960
U. P. Ry.	38	7.850	2,499	14.700	1,463	16.920	1,341	17.830	1,463	17.010	3,536	7.340	1,524	7.340	1,585	7.340	1,524	7.340	1,206	7.850	»	7.910	4.470
A. T. and S. Fé R. R.	39	8.100	2,286	19.960	1,372	19.960	1,372	19.960	1,872	19.960	3,200	9.070	1,524	9.070	1,676	9.981	1,524	9.980	2,438	8.170	»	8.170	1,524	4.870
N. Y. N. H. and H. R. R.	40	8.100	2,438	18.140	1,981	18.140	2,134	18.140	2,438	9.980	1,524	9.980	1,829	9.981	2,524	9.980	2,188	8.170	»	9.981	5.960
N. N. and M V. R. R. / C. and O. Ry. / R. and D. Ry. / A. C. L.	41	7.260	1,238	11.610	1,295	11.610	1,295	11.610	1,295	11.610	2,286	9.070	1,422	9.070	1,702	9.070	1,422	9.070	2,210	7.260	»	9.070	0,686	5.960
M and N. G. Ry.	42	9.070	2,438	13.610	1,372	13.610	1,372	13.610	1,372	13.610	3,200	9.070	1,524	9.070	1,524	9.070	1,524	9.070	3,048	9.070	»	2.070	0,914	5.360

Tableau comparatif des différents trains-types, en usage aux États-Unis en 1898 (suite).

L. E. and W. R. R. . .	43	1,990 1",778	4,990 1,270	13,420 2,134	16,330 2,743	15,480 2,210	8,277 1,448	8,277 1,600	8,277 1,448	8,277 2,467	4,990 »	8,277 1,219	5,360
C. C. C. and St. L. R. R.	44	5.960* 6,800 2,012	6,800 1,402	16,330 1,737	17,240 1,259	16,330 3,988	9,980 1,528	9,980 1,524	9,980 2,743	6,800	9,980 1,372	4.470
D. L. and W. Ry. . . .	45	8,160 1,676	8,160 1,372	18,140 1,676	18,140 1,829	18,140 2,591	9,980 1,372	9,980 1,829	9,980 1,372	9,980 2,748	8,160	9,980 1,067	5.960
W. N. Y. and P. R. R. .	46	5,990 2,164	12,900 1,463	12,000 1,341	18,840 1,463	13,850 3,017	8,490 1,230	8,490 1,829	8,490 1,230	8,490 2,713	5,990	8,490 2,286	2,134 / 1,524
					9,870 1,524	9,870 5,791	9,870 1,524	9,870 2,134					
L. and N. Ry.	47	9,070 1,727	9,070 2,591	18,140 2,743	18,140 2,134	8,160 1,422	8,160 2,540	8,160 1,422	8,160			
P. R. R. . . . / C. F. and Y. V. R. R. . . / G. C. and G. R. R. . . / M. T. and M. R. R. . .	48	7,960 1,676	7,960 2,743	18,140 2,433	18,140 2,896	7,960 1,524	7,960 1,676	7,960 1,524	7,960			
C. and O. Ry. . . . / N. N. and M. V. R. R. .	49	9,070 1,961	9,070 2,642	18,140 2,286	18,140 2,946	9,070 1,524	9,070 4,473	9,070 1,524	9,070 2,769	9,070 »	9,070 1,041	5.960
D. L. and W. Ry . . .	50	9,070 1,676	9,070 2,591	19,060 2,591	19,060 2,591	9,980 1,372	9,980 1,829	9,980 2,372	9,980 2,748	9,070 »	9,980 1,067	5 360
G. V. R. R.	51	7,960 1,829	7,960 2,438	19,960 2,134	19,960 3,048	9,070 1,524	9,070 1,524	9,070 1,524	9,070			

Tableau comparatif des différents trains-types, en usage aux États-Unis en 1898 (suite).

N. C. and S. L. R. R . .	52	8.780 1,903 8.780 2,540 14.882 2,748 15.060 2,388 7.350 1,312 7.750 1,903 9.500 1,321 9.500 0,686	5.210*
C. C. and S. L. R. R . .	53	5.960 1,829 9.670 2,012 9.670 2,591 20.410 2,286 20.410 3,305 9.980 1,524 9.980 1,524 21.980 1,524 9.980 3,200 2ᵉ locom. 9.980 1,373	5.660
W. and C. Ry.	54	2 Locomotives « Consolidation » de 83.000 k.	4.470
P. and N. R.	55	2 Locomotives « Consolidation » de 94.000 k.	
N. and W. R. R. .	56	5.960 1,829 15.420 1,422 15.420 1,422 15.420 1,422 15.420 3,048	
N. and W. R. R. . . .	57	5.560 2,286 18.140 1,524 18.140 2,286	
A. and S. Ry N. Y. C. and H. R. R.	58	Surcharge uniforme ou variable depuis 17.870 k. par mt. ct. pour une portée de 2ᵐ,134 jusqu'à 5.960 k. pour une portée > 60 mt. Cette surcharge est précédée d'un poids isolé de 60.000 + 3.200 $(p-8)$ (unités livre et pied) dans le calcul des âmes des poutres principales, **p** étant la longueur d'un panneau, supérieure à 8 pieds.	
N. Y. P. and B. R. R. .	59	Surcharge uniforme de 5.960 k. par mt. ct. et un poids isolé de 18.140 k.	
C. B. and Q R. R. . . .	60	Surcharge uniforme de 4.280 par mt. ct, » » additionnelle de 15.000 k. par mt. ct. sur une longueur de 32 mt. » » » 5.480 » 4ᵐ,572.	

Tableau comparatif des différents trains-types, en usage aux Etats-Unis en 1893 (suite).

D. and I. R. R. R. . .	61	Surcharge uniforme de 6.260 k. par mt , avec un poids isolé unique de 20.410 k. pour des panneaux plus petits que 4^m,572, et de 26.400 k. pour des panneaux compris entre 4^m,572 et 6^m,096.
N. Y. and N. E. R. R .	62	Surcharge uniforme de 5.960 k. par mt. ct, » » additionnelle de 4.470 k. par mt. ct. sur une longueur de 7^m,620. Poids isolé de 22.080 k.
B. and M. R. R. . . .	63	Surcharge uniforme de 44.700 par mt. ct. pour une portée de 1,219, allant en décroissant jusqu'à la valeur 6470 k. pour une portée de 45^m,720.
O. and M. R. R.	64	Surcharge uniforme de 3.500 ou 3.000 $\left(1 + \dfrac{120-l}{100}\right)$ pour des portées inférieures à 36^m,575 (unités, livre et pied), » » 4.470 ou 5.220 k. par mt. ct. pour des portées supérieures à 36^m,575.
J. T. and K. W. Ry . .	65	Surcharge uniforme variable de 5360 à 4470 au mt. ct.
St. L. and S. F. Ry. . .	66	Surcharge uniforme de 9960 k. par mt. ct. pour une portée de 4^m,267, et surcharges décroissantes variables jusqu'à la valeur 4.470 k. par mt. ct. pour une portée de 46^m,634.

95 compagnies ont répondu à l'appel de M. Baldwin. Parmi celles-ci, dix seulement remplacent les surcharges roulantes par une surcharge uniformément répartie qui, dans quelques cas, est supérieure à celle théoriquement équivalente. Parmi les 85 compagnies restantes :

> 71 spécifient un seul système de surcharges roulantes.
> 10 spécifient deux systèmes de surcharges roulantes.
> 4 spécifient trois systèmes de surcharges roulantes.

Si nous considérons les diverses locomotives fournissant les charges d'épreuve, nous rencontrons :

> 82 compagnies spécifiant une surcharge formée en tout ou en partie de locomotives type « Consolidation ».
> 12 spécifiant des charges provenant de locomotives types voyageurs.
> 5 — — — type « Decapod ».
> 3 — — — type 10 roues.
> 1 — — — type Mogol (en partie).

La majorité des compagnies ne demande aucune prévision de charges provenant des wagons en avant de la ou des locomotives, cependant, trois d'entre elles font précéder et suivre leurs essieux d'épreuve d'une surcharge uniformément répartie.

Parmi les 82 compagnies qui spécifient une partie des charges provenant de machines type « Consolidation » :

> 4 varient les poids des roues-motrices.
> 78 ne les varient pas.
> 9 varient les poids des essieux du tender.
> 73 ne les varient pas.
> 77 demandent 2 machines « Consolidation » et une surcharge uniforme.
> 3 demandent 1 train entier de machines « Consolidation ».
> 1 spécifie 2 machines « Consolidation » et des charges distinctes sur les roues du train.
> 1 spécifie 4 essieux-moteurs d'une machine « Consolidation » et une charge uniforme.

Dans l'énumération ci-dessus les compagnies de chemins de fer du *Erié Toledo*, *Hudson and Philadelphia Reading* sont comptées deux fois, parce qu'elles spécifient deux sortes de surcharges roulantes, formées d'ailleurs l'une et l'autre de deux locomotives type « Consolidation » et d'une surcharge uniforme.

Les 77 compagnies qui prescrivent comme charges-types deux locomotives type « Consolidation » et une surcharge uniforme, présentent
38 variétés de charges :

27	sont employées par	1	compagnie.
4	—	—	2 compagnies.
3	—	—	3 —
2	—	—	4 —
1	—	—	9 —
1	—	—	16 —

Les trois derniers types sont ceux de M. Cooper (charges de la « Lehigh
Valley », charges de la classe « A », charges de la classe « A extra-
lourde »).

Parmi les mêmes 77 compagnies :

1	spécifie des essieux-moteurs de	9.980 k.	avec une surcharge unif.	de	3.840 k.	par mèt. courant
1	—	—	10.430	—	—	5.210	— —
12	—	—	10.890	—	—	4.470	— —
1	—	—	11.180	—	—	4.470	— —
3	—	—	12.700	—	—	4.470	— —
1	—	—	12.700	—	—	5.210	— —
1	—	—	12.790	—	—	5.960	— —
18	—	—	13.610	—	—	4.470	— —
1	—	—	13.610	—	—	5.218	— —
14	—	—	13.610	—	—	5.960	— —
1	—	—	13.610	—	—	6.260	— —
1	—	—	14.060	—	—	5.960	— —
1	—	—	14.520	—	—	5.360	— —
2	—	—	14.740	—	—	5.210	— —
1	—	—	15.420	—	—	4.470	— —
1	—	—	15.880	—	—	5.210	— —
4	—	—	15.880	—	—	5.960	— —
1	—	—	16.330	—	—	5.960	— —
2	—	(moyens) 12.780	—	—	5.960	— —
6	—	—	18.140	—	—	5.960	— —
1	—	(moyens) 16.330	—	—	4.470	— —
2	—	—	»	—	—	{ 4.470 — — / 6.260 — — }

De même :

1	compagnie spécifie une charge uniforme de	3.340 k.	au mètre courant.
27	compagnies spécifient	—	—	4.470	—
1	—	—	—	4.870	—
6	—	—	—	5.210	—
1	—	—	—	5.360	—
29	—	—	—	5.960	—
2	—	—	—	6.260	—

On remarquera à première vue combien les surcharges uniformes varient peu relativement aux surcharges roulantes, les premières sont au nombre de 7 seulement, et les secondes au nombre de 52.

Un examen plus détaillé montre qu'il n'existe entre beaucoup de machines que des différences légères, et qu'on arriverait facilement pour celles-ci à des valeurs uniformes ne compromettant en rien la sécurité, et que les différences qui paraissent très grandes *a priori* peuvent aussi être en partie éliminées.

M. Baldwin annonçait en terminant la rédaction de ce travail qu'il se roposait par la comparaison des diverses courbes représentant les poids des machines, de déterminer un train type qui donnerait sensiblement les mêmes efforts dans les pièces que les trains variés en usage jusqu'ici mais ce travail n'a pas encore été complètement publié, du moins à notre connaissance.

Les formes générales des ponts américains diffèrent le plus souvent complètement de celles employées sur le continent. Dans la plus grande majorité des cas, dès que la portée est tant soit peu considérable, le type à articulations est adopté; articulations pour la réunion des différentes parties des membrures entre elles, articulations pour la réunion des différents treillis ou montants entre eux ou aux membrures, articulations même assez souvent pour la réunion des poutrelles aux poutres principales.

Il existe bien quelques ponts construits sur le type européen, à assemblages rigides, mais ces ouvrages sont situés presque tous dans les grandes villes, et la seule raison qui les a fait adopter est qu'ils se prêtent mieux à la décoration et affectent dans leur ensemble même une forme plus élégante.

Ce système d'articulations a permis d'atteindre des portées très considérables. Au point de vue du calculateur il a le grand avantage de permettre la connaissance exacte des efforts dans toutes les pièces tandis que partout sur le continent on détermine ces efforts comme si dans une poutre principale, par exemple, il n'y avait que des articulations tandis qu'on s'efforce par tous les moyens de rendre les assemblages les plus rigides possible.

Les ponts suspendus sont encore très en faveur, plusieurs ont été construits dernièrement, dont le plus important est celui qui relie New-York à Brooklyn qui a 487 mètres de portée. Un autre plus gigantesque est le pont projeté sur l'Hudson River, qui devra avoir 945 mètres de portée et une largeur de tablier suffisante pour recevoir 14 voies de chemin de fer.

Nous signalerons une tendance actuelle très marquée spécialement sur les lignes très importantes du New-York Central et Hudson River et New-York Providence and Boston, à la construction de ponts sans poutrelles ni contreventement inférieur spécial, dans lesquels le plancher est composé par une suite non interrompue d'entretoises en caissons, rivées entre elles. En France et surtout en Algérie on pourrait citer des viaducs de douze à quinze mètres de longueur dont le plancher est entièrement formé par des zorès jointifs, construits antérieurement à 1888, c'est au fond le même système.

La compagnie du New-York Central and Hudson River est la première qui aux Etats-Unis ait adopté, vers 1888, le pont type sans poutrelles en limitant toutefois son emploi à des travées de 30 mètres de portée. En 1891, ce système a reçu des applications plus importantes en même temps que son emploi se généralisait, témoins le viaduc de Treuton Falls (Adirondack) qui comprend une travée centrale fixe de plus de 60 mètres de longueur, et le pont tournant à quatre voies ferrées sur la rivière Harlem, à New-York. Le premier de ces ouvrages appartient à la compagnie de l'Adirondack and Saint-Lawrence le second au New-York Central and Hudson River. Tous deux ont été exécutés sous l'impulsion de M. G. Thomson, qui s'est fait aux Etats-Unis, le champion de ce système. Pratiquement parlant tous les ponts de la ligne de l'Adirondack and Saint-Lawrence sont du type sans poutrelles, et sans contreventement inférieur spécial; les ouvrages de 3 mètres et au-dessous ont un plancher formé par des rails, ceux de 3 à 10 mètres un plancher longitudinal, et ceux de 10 à 60 mètres un plancher transversal formé par une suite d'entretoises en caissons rivées entre elles.

Les ponts sans poutrelles du système préconisé par M. G. Thomson, et dont il sera décrit plusieurs types au cours de cette « Revue », offrent sur les types ordinaires des avantages à la fois comme sécurité et comme durée, on s'accorde également à leur reconnaître une plus grande douceur de roulement. La pratique n'a pas ratifié les reproches adressés dès l'apparition de ce système, en ce qui concerne du moins la difficulté d'accès pour réparations d'entretien. Ce qui est indéniable, ce sont les frais élevés de premier établissement.

Toutefois, la masse entière d'un ouvrage de ce système n'étant pas facilement mise en mouvement — les vibrations étant absorbées par le ballast et le plancher — il en résulte une très faible usure. Il est certain que ces considérations ont influé sur la détermination des ingénieurs américains, le pont rigide convenant si bien aux trafics importants des grandes compagnies de chemins de fer des Etats-Unis. Il y a néanmoins de leur part un grand mérite à l'adopter, un plancher en bois ne coûtant rien, pour ainsi dire, dans ce pays.

Une tendance se manifeste de jour en jour plus accentuée, à donner aux ouvrages métalliques ou autres, aux Etats-Unis, un caractère de plus en plus grand de rigidité, cette tendance est motivée par l'accélération de la vitesse des trains qui ne peuvent plus perdre de temps aux ralentissements admis autrefois au passage des grands ouvrages.

Les ponts tournants sont très nombreux en Amérique, certains d'entre eux atteignent les portées les plus considérables.

La belle travée tournante du pont d'Omaha, actuellement en construction entre les États de Nébraska et de Iowa, sera la plus longue du monde. Sous le rapport du poids total, elle n'occupera que le second rang, le premier étant détenu par le pont tournant sur la rivière Harlem, à New-York, pour le passage des voies du New-York central and Hudson River Railroad. Les poids respectifs de ces deux travées sont de 1.360 et 2.000 tonnes, en nombre rond.

Le tableau suivant permettra au lecteur la comparaison rapide des plus grandes travées tournantes du monde, que les États-Unis possèdent d'ailleurs en totalité :

DÉSIGNATION	NOMBRE de voies ferrées	NOMBRE de voies charretières	LONGUEUR d'une volée
Pont d'Omaha.	2	2	158^m,49
— de New-London	2	»	153 ,31
— d'Arthur Kell	1	»	152 ,40
— sur la rivière Karitan. . . .	1	»	143 ,86
— de la Louisiane.	1	»	135 ,94
— de Winona	2	»	134 ,11
— de Mabcomb's Dam	(»)	»	125 ,57
— du H. Madison.	1	»	122 ,22
— sur la rivière Harlem	4	»	118 ,57

Les anciens ponts en bois ont été peu à peu remplacés par des travées tournantes métalliques. Tous ces ponts sont à pile centrale, et c'est justement là le défaut auquel il a été remédié lors de la construction du pont de Halsted Streed à Chicago.

Ce pont est du système dit à soulèvement. Il est constitué par une travée pouvant s'élever au-dessus de deux culées du type ordinaire, d'une quantité suffisante pour permettre le passage des navires. Ce système, qui peut se prêter à une certaine décoration architecturale, a de nombreux avantages, le plus grand consistant en ce que la distance à franchir peut être très considérable; une portée de 150 à 200 mètres semble pouvoir être facilement atteinte, et le coût de l'ouvrage certainement moindre que celui d'un pont tournant de même longueur. Quelques ingénieurs sont même d'avis que, dans le cas de fondations présentant une difficulté relativement considérable, le coût d'un pont à soulèvement pourra être inférieur à celui de deux travées tournantes ordinaires de même longueur totale; cette dernière disposition a de plus l'inconvénient de bloquer les meilleures parties de la largeur de la rivière ou du canal. Des ponts de ce système ont au reste été construits en France et aux Indes anglaises.

Les ponts tournants sans pile en rivière sont une exception très rare. Ils offrent, outre l'inconvénient de l'emploi d'un poids considérable de métal et celui des contrepoids, celui d'occuper, quand ils sont ouverts à la navigation, une grande longueur sur la rive. On conçoit donc que, si le prix du terrain est tant soit peu elevé, il y ait économie en fin de compte à adopter un type d'ossature métallique plus coûteux.

Le pont à soulèvement permet au contraire d'utiliser pour la navigation les docks du voisinage immédiat de l'ouvrage. Il a également l'avantage de ne demander aucuns travaux d'approche.

Les seuls systèmes qui puissent être comparés comme puissance et facilité avec le pont à soulèvement sont le pont-levis et le pont à transbordeur.

Le premier de ces types a été le type favori du pont tantôt ouvert à la navigation, tantôt à la circulation, pendant l'époque du moyen âge, mais ses usages étaient alors plus militaires que commerciaux, et une portée faible était tout ce qu'on leur demandait. La nécessité moderne de donner passage aux navires de très hautes mâtures a conduit dans ce sens au pont de la Tour, Tower Bridge, à Londres. C'est, croyons-nous, le seul exemple de pont-levis à grande portée qui ait été construit.

Nous ne nous étendrons pas dans cet ouvrage, même à titre de comparaison, sur le Tower Bridge, mais nous décrirons à ce titre le type moins connu, et plus récent, du pont à transbordeur, système F. Arnodin et A. de Palacio, dont une belle application vient d'être faite entre Portugalete et Las Arenas, à l'embouchure du Nervion (Espagne). Le transbordeur ne contient ici que 150 personnes, mais on peut concevoir un véritable « porte-trains » offrant des garanties de régularité et des facilités d'embarquement que l'on ne peut espérer rencontrer dans aucun des systèmes et des porte-trains connus jusqu'à ce jour. Cela est une simple question de force et de grandeur à donner aux différentes parties de l'appareil.

Ce système est au fond une voie ferrée à rails supérieurs, supportée par un pont suspendu métallique, rigide et à pièces amovibles. Du moins, d'après les auteurs, c'est la solution qui serait adoptée dans la plupart des cas.

Le système F. Arnodin a de plus l'avantage de pouvoir être employé sur les passes regardant la haute mer, d'où le navire, quelquefois chassé par la tempête, vient à toute vitesse chercher un refuge sans pouvoir régler son allure et faire les signaux exigés pour les manœuvres des ponts mobiles.

Les ponts métalliques, fixes et tournants, pour routes et chemins de fer, ayant été étudiés par quelques exemples choisis, nous passerons à l'étude particulièrement intéressante des ponts en bois et des ponts mixtes.

On sait que des Montagnes Rocheuses à l'Océan Pacifique ainsi qu'au nord des grands lacs, les États-Unis et le Canada sont couverts de forêts immenses et très nombreuses. Les lignes de chemins de fer, à l'ouest de ce pays, si elles ne traversent pas ces forêts, en sont donc, dans la plus grande majorité des cas, très voisines. Le pin et le sapin croissent à chaque pas dans ces contrées favorisées, et sont naturellement employés dans la construction des ponceaux, ponts, pylônes... Les rivières y sont également assez nombreuses, des scieries mécaniques, mues hydrauliquement, peuvent donc s'installer sur leurs bords de distance en distance, ces usines de sciage fonctionnant dans des conditions de bon marché exceptionnelles. L'industrie privée devance souvent l'initiative des compagnies et n'hésite pas, quand les usines sont à quelque distance des centres de production, à établir, au moyen des machines du type « Logging » spécialement destinées à ce transport des bois, une voie de communication rapide, s'étendant parfois à plus de 100 kilomètres.

Il existait en 1893, suivant M. Ritter, membre de l'Association des Ingénieurs de Zurich, dans tout l'ensemble des États-Unis, une longueur de 4.290 kilomètres de ponts en bois. La plupart de ces ponts sont dans les États de Californie, de l'Orégon et de Washington, formant ce qu'on appelle, d'une manière générale, la côte du Pacifique, et sont construits avec le bois du nord de ces États. Une raison autre que la qualité de ces bois, qui ont une réputation universelle, milite en faveur de leur emploi exclusif dans ces pays ; c'est l'éloignement des centres métallurgiques. L'effet de cette distance est encore augmenté par le coût considérable du transport par voie de terre, la seule usitée, le transport par mer, en doublant le cap Horn, coûtant en somme plus cher, à cause des transports par rails nécessaires entre le lieu de production et le port d'embarquement, et du port d'embarquement au lieu d'emploi.

On peut considérer comme certain que ce ne sera que bien après que l'emploi des ponts en bois aura disparu dans les États de l'est, que ce mode de construction cessera dans ceux de l'ouest, cependant, on voit déjà plusieurs grandes lignes du pacific le *Canadian* par exemple, entreprendre méthodiquement le remplacement du bois par le métal.

Les ponts construits uniquement avec du bois sont généralement du type Howe ou du type Howe modifié par M. Grondahl. Nous en donnerons de beaux exemples dans le cours de cet ouvrage.

La rapidité de la construction de ces ponts tient à cet emploi général de poutres dont les diverses parties sont simples, faciles à construire et à monter, grâce à l'emploi d'éléments de dimensions commerciales courantes, sans exiger des outils spéciaux. Depuis les petites longueurs, 9 et 10 mètres, jusqu'aux grandes portées de 55 mètres, réalisées ces temps derniers, le type Howe offre toujours les mêmes éléments. Les quelques différences à signaler résident seulement dans les assemblages plus résistants, et dans les proportions des panneaux.

Ce système offre néanmoins des inconvénients que nous étudierons plus loin en détail, et que M. Grondahl a supprimés en grande partie. Sans nous étendre ici sur ces modifications, il nous suffira de dire qu'on a pu doubler les dimensions des panneaux, réduire considérablement le poids mort au point d'atteindre une longueur de travée de 76^m,20, longueur d'autant plus remarquable que les conditions d'établissement des calculs prévoient le passage de deux fortes locomotives de 96 tonnes suivies d'une surcharge indéfinie de 4.270 kilogrammes par mètre courant.

Les ponts mixtes en bois et en fer ou acier sont également fort employés sur les lignes à l'ouest des États-Unis. Quelques-uns de ces ouvrages ont des dimensions considérables, tel le cantilever sur la « North Umpqua River » près de Roseburgh, dans l'État d'Orégon. Dans ces ouvrages, les membrures comprimées sont le plus souvent en bois, les membrures tendues en métal, les poutres sont des systèmes Warren, Pratt ou Petit. Pour des portées inférieures à 60 mètres, le type Pratt semble être le plus généralement adopté, pour des portées supérieures, on paraît préférer le type Petit. L'inclinaison ou l'horizontalité de la membrure supérieure est un fait très discuté sur toute l'étendue du territoire des États-Unis. Sans entrer dans ces discussions, nous dirons simplement que les membrures parallèles semblent dominer pour des longueurs de poutres inférieures à 90 mètres; ce n'est qu'au-dessus de cette longueur considérable déjà, que l'inclinaison de la membrure supérieure paraît être indiscutée.

Le plus souvent, les bois de pins ou de sapins employés dans la construction des ponts, sont encore à l'état vert. Aussi, les deux premières années, ces ouvrages demandent-ils une surveillance toute spéciale, un resserrage incessant des boulons d'assemblage ou de ceux faisant office d'entretoises. Néanmoins, en envisageant l'existence totale de telles constructions, on se convainc que les ponts en bois ne donnent pas plus de soucis que les ponts métalliques.

La durée moyenne des viaducs du type Howe, construits ces dernières années, peut être estimée à 12 ou 15 ans au maximum, mais on emploie assez souvent des toits rudimentaires qui porteront certainement leur existence à 20 ans et même plus.

Les ingénieurs américains employaient autrefois à la base des montants de leurs pylônes un assemblage à tenon et mortaise. Le plus souvent maintenant ils ont renoncé à ce système et emploient un simple goujon assez résistant. La raison de ce changement, qui semble devenir assemblage-type, consiste certainement en ce que l'on a remarqué que l'eau s'infiltrait dans la mortaise, pourrissant ainsi rapidement les bois. D'un autre côté, si l'assemblage à tenon et mortaise est très recommandable au point de vue de la résistance, dans le cas particulier actuel, les forces ne pouvant être que verticales, on ne saurait critiquer la disposition plus simple et plus économique du goujon.

D'autres indices semblent révéler que si les ponts en bois sont considérés comme temporaires on tient néanmoins à leur assurer la plus grande durée compatible avec ce mode de construction, et à leur permettre de résister à l'accroissement incessant des charges roulantes.

C'est d'abord, pour les poutres principales, une section uniforme donnée aux membrures supérieures et inférieures chacune dans toute leur longueur. C'est ensuite le plancher plus robuste qu'il y a quelques années, et dont les boulons d'attache écartés autrefois de $0^m,610$ en moyenne, ne le sont plus que de $0^m,406$, et même dans quelques cas de $0^m,356$ d'axe en axe.

• Plus loin, dans le cours de cette « Revue », nous donnerons de nombreux exemples d'ouvrages en bois, ponceaux, ponts, pylônes..., qui viendront corroborer ces idées générales.

En résumé, l'étude des ouvrages d'art exécutés ces derniers temps en Amérique est des plus intéressantes tant au point de vue des qualités des matières premières employées, acier, fer, ou bois, qu'au point de vue de la disposition, et de la construction même de ces ouvrages.

L'examen de ces questions nous conduira à étudier en même temps quelques systèmes de fondations, la plupart par caissons foncés à l'air comprimé. Nous passerons rapidement sur ces derniers pour nous étendre longuement sur un mode peu employé, d'une exécution particulièrement difficile, la fondation sur caisson ouvert reposant sur un pieux. On a été conduit à cette méthode au viaduc de New-London (Connecticut) par l'impossibilité absolue d'employer tout autre solution. Le système est encore compliqué par la présence d'un caisson de protection.

Les Américains emploient d'une manière très générale des caissons entièrement en bois, dont la paroi inférieure est formée de plusieurs assises en madriers jointifs. Les côtés du caisson sont retirés dès que la maçonnerie est élevée au-dessus du niveau de l'eau. Les caissons métalliques sont une très rare exception, nous étudierons néanmoins une exception de ce genre qui s'est présentée au pont de la septième avenue, sur la rivière Harlem à New-York.

La partie échafaudage ne fera pas dans cet ouvrage l'objet d'un chapitre spécial, mais des exemples nombreux seront fournis dans le cours des différents chapitres, ainsi aux « Emplois divers du bois sur les lignes de chemins de fer à l'ouest des États-Unis, » à la « Chute d'une travée du pont de Louisville, » etc.

Il nous a paru intéressant de citer quelques accidents arrivés sur les lignes de chemins de fer des États-Unis, et d'en rechercher les causes dans chaque cas particulier. La « Chute d'une travée du pont de Louisville » nous fournira une étude des plus complètes de ces causes, ainsi que celles détaillées de l'échafaudage et des conditions de résistance pour lesquelles l'ouvrage était prévu.

Nous terminerons la question des ouvrages d'art en examinant divers changements, relèvements et abaissements de ponts ou viaducs. La grande majorité de ces opérations s'est effectuée sans nuire, du moins pendant des périodes de quelque durée, à la circulation ou la navigation. En particulier, l'abaissement de l' « Elevated de Brooklyn », s'est effectué dans des conditions de célérité et de sécurité vraiment remarquables.

Le lecteur ne sera point étonné si la partie architecture est complètement laissée de côté dans ce volume, une autre partie de cette revue ayant été spécialement consacrée à cette branche de travaux publics. De même, la partie construction métallique, en tant que charpente, sera bien écourtée, l'étude des nombreux bâtiments de l'Exposition de Chicago permettant de se former une idée bien nette du savoir faire américain. Néanmoins, ces bâtiments ayant un caractère temporaire, nous étudierons complètement les diverses parties des nouvelles gares de Philadelphie, au point de vue de la construction et des modes d'exécution adoptés.

La construction de deux phares métalliques, dont l'un était exposé au World's Fair, et dont l'autre présente le dernier type adopté par le Gouvernement des États-Unis au cap Charles (Virginie), comme à Hog-Island (Virginie), fera l'objet d'un chapitre spécial.

Après avoir examiné divers travaux qui ne peuvent guère se réunir sous une dénomination générale, et qui comprennent, outre les ferry-boats, une plaque tournante type, un chariot transbordeur analogue à celui qui desservait les puissantes locomotives exposées à Chicago, nous aborderons les derniers et très importants chapitres des travaux maritimes exécutés ces dernières années.

CHAPITRE II

PONTS ROUTES MÉTALLIQUES

Pont sur la rivière Alleghany à Pittsburg
(Planches 1, 2 et 3)

Les planches 1, 2 et 3 représentent un bel exemple de pont-route, c'est celui récemment construit sur la rivière Alleghany, et qui établit la continuité entre la sixième rue de Pittsburg (Pensylvanie) et la Federal Street, d'Alleghany.

En remplacement d'un viaduc en bois construit en 1819, M. J. Roebling avait établi en 1858-59 un pont suspendu, d'une belle construction pour l'époque, mais qui depuis plusieurs années ne répondait aucunement au puissant trafic existant entre deux villes manufacturières aussi importantes que Pittsburg et Alleghany.

Ce pont suspendu se composait de deux travées en rivières s'attachant à des pylônes en fonte construits sur les piles, et de deux demi-travées de rive. La longueur totale de l'ouvrage était de 318^m,20, la largeur de la chaussée était de 6^m,10 celle-ci était séparée des trottoirs par les deux câbles principaux. Les trottoirs avaient chacun 2^m,438, sauf sur les piles où leur largeur était réduite à 2^m,134. Deux autres câbles de plus faibles dimensions, étaient à l'extérieur des mains courantes.

Sur une chaussée aussi resserrée le service des tramways, dont l'importance est énorme à cet endroit, ne pouvait se faire que sur une seule voie dans chaque sens. Une vitesse plus considérable était désirée pour ce service et pour celui des véhicules légers, en même temps que les lourdes charges charriées entre les deux grands centres industriels rendaient la construction d'un nouveau pont absolument nécessaire.

En janvier 1891 M. Th. Copper, ingénieur de l'Alleghany Bridge Company, entreprit les premières études en vue d'une structure plus moderne, et d'une vitesse permise aussi élevée que sur une simple voie publique.

Bien entendu, le nouveau pont devant être placé le plus près possible
de l'ancien, sa construction et sa pose ne devaient interrompre le trafic
que pendant un délai insignifiant.

Il ne fallait pas songer à employer les piles et piles culées de l'ancien
ouvrage, mais la nouvelle pile devait être néanmoins placée le plus près
possible de l'ancienne.

Les fondations des anciennes piles étaient formées par six planchers
successifs en bois, le plancher supérieur était même découvert à
l'époque des basses eaux. On descendit à 2ᵐ,438 au-dessous de cette
ligne, dans les nouvelles fondations.

Le fond de la rivière à cet emplacement était formé par un sable
graveleux sur lequel on avait jeté de temps à autre des enrochements
pour prévenir les affouillements. Dans le but d'utiliser ces derniers, on
plaça la nouvelle pile à l'ouest de l'ancienne, la distance entre les planchers étant fixée à 3ᵐ,20.

L'emplacement de la pile centrale étant ainsi déterminé, on examina
diverses solutions. La plus satisfaisante fut obtenue avec deux travées
de 135ᵐ,63 (entre axes des piles) en forme de bowstring. L'érection d'une
pile en rivière donnait le minimum possible d'inconvénients pour la
navigation fort importante à certaines époques.

Le nouvel ouvrage se compose 1° d'un viaduc d'approche du côté de
Pittsburg, formé sur une longueur de 32 mètres, de deux arches en
maçonnerie dont les cintres ont 8ᵐ,53 de diamètre; 2° des deux travées
bowstring de 135ᵐ,63; 3° du côté Alleghany, en outre une petite travée
métallique de 14ᵐ,782 au-dessus de la voie ferrée du Pittsburg et Western Railroad, on a utilisé de l'ancien viaduc d'approche en maçonnerie, dont on a simplement changé le couronnement pour le rendre
semblable à celui côté Pittsburg.

Pour on ne sait quelle raison l'ancien pont n'était pas dans le pro-
longement direct des rues. On a donc dû déplacer le nouvel axe de
1ᵐ,829 suivant le courant du côté Pittsburg.

L'emplacement ainsi que les dessins du pont, ayant été approuvés par
le ministre de la guerre, le travail de maçonnerie fut confié à la Drake
and Sratton Company. En vue de prévenir les accidents qui auraient pu
résulter par le fait des anciennes fondations, lors du dragage nécessité par la mise en place du caisson de la nouvelle pile, on a tout
d'abord battu une série de pieux, de faibles dimensions naturellement,
en aval de ces fondations. La maçonnerie du nouveau pont a été entière-

ment construite sans toucher à l'ancienne, et terminée vers la fin de 1891.

La distance d'axe en axe des formes paraboliques est de 13ᵐ,563, celle, mesurée d'axe en axe également, de ces mêmes fermes aux poutres bordures extérieures des trottoirs est de 3ᵐ,390. Les poutres bordures intérieures sont espacées de 12ᵐ,192, la largeur libre mesurée à l'intérieur des fermes est de 12ᵐ,648.

Le cahier des charges prévoyait un conduit pour le passage des câbles électriques de la compagnie des tramways, celle-ci ayant trouvé sur ces entrefaites un système de trolley plus satisfaisant, les conduits quoique posés n'ont pas été utilisés.

Au moment des basses eaux le service de la navigation a peu d'importance, aussi a-t-on pu obtenir l'autorisation d'élever simultanément un échafaudage de montage pour les deux travées en laissant une simple ouverture de 18ᵐ,28 pour la passe navigable. Les risques inhérents au montage ont été bien diminués également, la superstructure ayant été construite dans cette période de basses eaux (1892). De plus les directeurs des compagnies, de leur propre mouvement, ont suspendu le passage des véhicules autres que les tramways.

L'attente des tramways pendant la période de construction ne dépassait pas cinq minutes, et comme la vitesse permise sur le viaduc était plus grande que sur l'ancien pont suspendu la facilité de communication d'une rive à l'autre était somme toute aussi considérable. Une interruption de une heure vingt minutes, nécessitée par le changement des voies, a été la seule importante, et en fait on ne peut l'attribuer à la construction même du viaduc.

Les poutres principales mesurent 133ᵐ,88 d'axe en axe des rotules extrèmes qui ont 0ᵐ,254 de diamètre. Leur flèche mesurée entre les membrures supérieures et inférieures est de 24ᵐ,091. La membrure supérieure forme un double caisson composé de :

4 âmes de 762 × 22,
8 cornières de 152 × 102 (épaisseur variable),
1 plate-bande de 914 × 9 1/2.

cette plate-bande règne sur toute la partie supérieure de la membrure. Les grandes ailes des cornières s'appuient sur les âmes, où elles sont fixées par deux rangs de rivets.

La membrure inférieure, ou corde du bowstring est formée par quatre, six ou huit files de larges plats de 253 millimètres de largeur et d'épaisseur variables.

Les montants, de deux en deux, affectent la forme de fuseaux, et sont composés de quatre cornières de 152×102 d'épaisseur variable, les diagonales sont pour la plupart en fer plat de 102 ou de 152 millimètres de largeur.

Deux montants de la même section transversale sont réunis par des entretoises horizontales formées par quatre cours de cornières, comprenant entre elles un treillis en fers plats, l'entretoise supérieure, de 752 millimètres hors cornières, a un treillis en fer cornières extérieur. Les quatre panneaux supérieurs comprennent des diagonales en fer rond de 32 millimètres de diamètre.

La chaussée et les trottoirs reposent sur des tôles cintrées, bien rivées aux longerons. Les poutres bordures extérieures des trottoirs ont une hauteur suffisante pour permettre une solide attache verticale des garde-fous.

Dans l'axe de la chaussée des trous d'homme sont ménagés pour l'enlèvement de la neige et le nettoyage. Des conduites d'eau sont placées au-dessous de la ligne de chaque poutre principale pour l'arrosage et le lavage du pont. Des lampes ornementales sont placées sur les garde-fous, au-dessus de la pile centrale et des piles culées, mais le véritable éclairage est fourni par les lampes à arc suspendues aux diagonales de contreventement.

Les voies de tramway, dont la largeur est 1^m,575, sont placées à cheval sur l'axe de la chaussée, leur distance d'axe en axe est de 2^m,642. Il reste donc de chaque côté des voies une largeur de 3^m,657 pour la circulation des autres véhicules. Les rails reposent sur des coussinets en acier étampé.

Les trottoirs sont en pente de 0^m,020 par mètre vers l'axe du pont, ils sont formés par une couche de deux centimètres d'asphalte de Seyssel reposant sur une couche plus épaisse de bitume.

L'épaisseur minimum de la chaussée est de 0^m,102 sur les bords, le pavage est en bois de chêne blanc, les cubes employés, qui n'ont subi aucune préparation chimique spéciale, ont 127 millimètres de hauteur, 90 millimètres de largeur et 203 à 253 millimètres de longueur. Une tolérance de seize dixièmes de millimètre est seulement accordée sur la largeur. Les pavés sont placés les uns à côté des autres sans aucun jeu, on les écarte ensuite par des coins *ad hoc* de manière à laisser entre deux files consécutives un jeu de 9^m/^{m},5 et un intervàlle de 51 millimètres le long de chaque bordure de trottoir. Les premiers jeux sont remplis de ciment et rejointoyés, les seconds intervalles sont remplis d'argile pour permettre la dilatation transversale du pavage en bois. Quant au pavage des viaducs d'approche en maçonnerie, il est le même que celui de rues adjacentes, il est formé par des pavés en pierre de Ligorie, posés sur une couche de béton.

L'entreprise du pavage avait été confiée à M. Peabody, de Pittsburg. Les lampadaires et garde-fous sortent des ateliers « Jackson Architectural Iron Works » de New-York, les dessins en sont dus à M. Cooper.

En ce qui concerne les données sur lesquelles le pont a dû être calculé, voici quelques renseignements intéressants.

Dans l'estimation du poids mort le pavage en bois était supposé remplacé par un pavage en pierre. La charge permanente, ossature non comprise était ainsi fixée à 635 kilogrammes par mètre carré de chaussée et 195 kilogrammes par mètre carré de trottoir. Les surcharges à considérer pour le plancher se composaient de 488 kilogrammes par mètre carré de chaussée, et du passage sur celle-ci d'une voiture pesant trente tonnes, dont les deux essieux étaient écartés de 3^m,048. Les poutres principales devaient également être calculées sous l'influence d'une charge uniformément répartie de 391 kilogrammes par mètre carré, sur toute la largeur du pont.

La superstructure est entièrement en acier. Quant à la nature des pièces et au travail auquel elles peuvent être soumises, les règlements sont ceux de la « Cooper's Highway Bridge Company ».

Le poids de l'ossature métallique d'une travée est de quinze cents tonnes (exactement 1 499), le poids du pavage actuel correspondant d'environ 816 tonnes. Le coût total de l'ouvrage a été de 2.800.000, ce qui fait ressortir le prix du kilogramme du viaduc à 0 fr. 93 tout compris.

Viaduc de la 155me rue et Pont tournant de la 7me avenue
sur la rivière Harlem, à New-York
(Planches 1, 2 et 3)

Sur la planche n° 3 est un plan topographique montrant la disposition de la 155e rue et de la 7e avenue à New-York et leur voisinage immédiat du côté de la rivière Harlem. A cet endroit, la construction d'un viaduc et surtout d'un nouveau pont tournant était très demandée, l'ancien pont étant devenu complètement insuffisant vis-à-vis du puissant trafic auquel il faut satisfaire. Le plan indique également la position du pont tournant temporaire (ancien pont).

Le pont tournant traverse la rivière sans aucun biais, comme le gouvernement l'a exigé.

Le viaduc de la 155ᵉ rue part de la culée côté « route d'Edgecombe », à une cote de 18ᵐ,288 au-dessus de la chaussée et avec une rampe de 4 3/4 %, se dirige vers la traversée de la 8ᵉ avenue, où il présente un palier sur une certaine longueur et de là vers le nouveau pont tournant.

La longueur totale du viaduc est de 427 mètres, comprenant 15 travées à l'ouest de la 8ᵉ avenue, de 13ᵐ,208 de longueur, une travée de 21ᵐ,030 au-dessus de cette avenue, et à travées de 16ᵐ,460. Ces travées sont entretoisées de deux en deux seulement. La distance transversale des piliers est de 12ᵐ,192, ceux-ci ont une section carrée de 457 millimètres de côté sont composés de fers plats et cornières, et d'un treillis régnant seulement du côté de l'avenue, ils reposent sur des piles en béton de ciment de Portland qui elles-mêmes sont assises sur une fondation tantôt formée par le roc naturel, tantôt par des pieux battus.

Les piliers supportent des poutrelles de 2ᵐ,083 de hauteur sur lesquelles sont fixés cinq rangs de longerons de 1ᵐ,321 de hauteur, espacés de 3ᵐ,048 d'axe en axe; sur ces longerons s'attachent des fausses poutrelles de 0ᵐ,406 de hauteur, écartées elles-mêmes de 3ᵐ,048 d'axe en axe. Le plancher proprement dit est formé par des tôles cintrées de 10 millimètres d'épaisseur, livrées par des fournisseurs à la longueur de 6ᵐ,096, ce qui ne nécessite que deux tôles dans la même section transversale. Les poutrelles présentent de chaque côté une porte à faux permettant l'établissement de deux trottoirs de 3ᵐ,20 chacun. De deux en deux piliers, il est prévu un dispositif spécial de dilatation avec rouleaux en acier de 51 millimètres de diamètre.

La surface supérieure des tôles cintrées est recouverte d'une forte couche de peinture et d'une couche de goudron. L'épaisseur minima du remplissage en béton gras au-dessus du sommet des tôles cintrées est de 19 millimètres seulement; au-dessus est une couche de 13 millimètres d'un mastic spécial imperméable, et un lit de sable de 25 millimètres sur lequel le pavage est disposé; ce dernier est formé de blocs de granit dont la hauteur n'excède pas 15 centimètres et la largeur 9 à 10 centimètres. Dans les joints des pavés, on projette grossièrement du sable criblé, et on les remplit par du « ciment de pavage » (*paving cement*) en fusion; ce ciment est composé de 20 parties d'asphalte de la Trinité, de 3 parties d'huile et de 100 parties de goudron minéral. Les bordures de trottoir sont formées par des pierres taillées de 9 centimètres de largeur seulement. La surface extérieure des trottoirs est recouverte sur une épaisseur de 25 millimètres par le mastic spécial imperméable dont il a été parlé ci-dessus, composé essentiellement de sable, de fragments de rocs bitumineux et d'asphalte de Seyssel. Le ciment de Portland bitumineux a été posé sans interruption au dessus des appareils de dilatation, et, grâce à l'élasticité de cette matière, aucune craquelure ne s'y est manifestée.

Le pont tournant mesure d'axe en axe des tourillons extrêmes, une longueur de 124^m,481 et comprend dix-huit panneaux de 6^m,477, et un panneau central de 7^m,925. Les poutres principales sont écartées de 12^m,954 et la distance entre les mains courantes est de 19^m,812. La chaussée repose sur des tôles cintrées et est comme les trottoirs recouverte d'asphalte.

A l'est de l'ouvrage sont deux travées de 30^m,479 chacune, dont les poutres principales sont en treillis, une travée de 66^m,750 passant au-dessus des voies de la Compagnie New-York Central et Hudson River, et neuf travées de 30^m,134 de longueur; ces dernières sont sur une courbe de 457^m,19 de rayon et se terminent à la culée près la 161e rue. de là part un remblai de 137 mètres de longueur, s'étendant jusqu'à la 162e rue.

Le fond de la rivière est formé, au-dessous d'une couche épaisse de boue vaseuse, par des roches très résistantes. Ces roches sont rencontrées à une profondeur de 8 à 11 mètres entre la pile-culée, côté ouest, et la pile centrale du pont tournant. De là, cette assise descend rapidement à une cote de 15^m,25, puis à celle de 29^m,85 environ au-dessous des hautes eaux moyennes, près les deux piles côté est, la cote diminue ensuite graduellement et le roc affleure le sol près la culée de la 161e rue. On rencontre, au-dessus de cette assise rocheuse, du sable mouvant, de la tourbe, de l'argile, et environ 7 à 8 mètres de boue noire épaisse.

Ces conditions ont donc nécessité des fondations à l'air comprimé, pour les quatre piles.

La planche n° 1 représente en vue perspective le caisson qui a servi à la pile-culée côté ouest, ce caisson est construit en acier doux provenant de la « Passaic Rolling Mill C° », sa longueur est de 30^m,48, sa largeur 5^m,79 et sa hauteur 3^m,05. C'est un des rares caissons métalliques, qui ont été employés aux États-Unis, encore le couteau est-il renforcé de bois. Les plus petites cheminées sont celles réservées au passage des matériaux et à l'enlèvement des déblais. Le caisson est surmonté par une ceinture en bois de 30 × 30.

La planche n° 2 donne avec quelques détails d'assemblage une demi-coupe transversale, une demi-élévation d'une face extrême et deux demi-coupes à diverses hauteurs, ce qui dispense de toute description détaillée. La chambre de travail a été remplie par du béton de ciment Portland, qui s'étend jusqu'à 15 centimètres au-dessus des entretoises du caisson. C'est à ce niveau que commence la maçonnerie.

Le caisson employé à la pile centrale offre une section extérieure circulaire, d'un diamètre de 17^m,983, le métal est l'acier doux ; la section intérieure, de forme octogonale, est construite en bois, l'épaisseur minima de la chambre de travail est de 2^m,438. Le toit du caisson est en bois, mais après le remplissage de la chambre de travail, il a été coupé sur son pourtour, pour donner l'homogénéité du remplissage, au-dessous et au-dessus de cette chambre. Le roc a été trouvé à une cote de 8^m,534. (Voir fig. pl. 7.)

Pour la pile-culée, à l'est du pont tournant, on a simplement exécuté un batardeau avec des pieux de 30 × 30 battus à l'aide d'un mouton de 816 kilogrammes, jusqu'à l'assise rocheuse. La seule difficulté qui ait été rencontrée, a été occasionnée par la présence d'une couche de sable du côté sud de ce batardeau.

En ce qui concerne les travées d'approche, les piles de celles-ci sont construites sur des pilotis formés par des pieux à vis. A l'est du pont tournant, les piles sont également construites sur pilotis. Jusqu'au niveau de l'eau, les piles sont en pierre calcaire, au-dessus de ce niveau, la pierre employée est le granit.

L'ensemble de l'ouvrage a été conçu et exécuté sous la direction de M. Alfred P. Boiles, l'entrepreneur a été M. Herbert Steward. Les fondations à l'air comprimé ont été faites par MM. Sooysmith et C°, sous la direction de M. Georges Thomas. Le coût total de l'ouvrage, dont la construction touche à sa fin, a été estimé à 3.250.000 francs pour le viaduc de la 155ᵉ rue, et à 6.250.000 francs pour la travée tournante et les approches du côté est.

Pont tournant de la 3ᵐᵉ avenue, travées fixes et maçonneries d'approche sur la rivière Harlem, à New-York.

(Planches 1, 2, 3, 6.)

L'adjudication de ce pont, que la ville de New-York fait actuellement construire, remonte seulement au 12 septembre 1893.

Celui-ci se compose d'une travée tournante, dont la longueur, mesurée d'axe en axe des piles, est de 91m,438, de deux travées fixes, situées de part et d'autre du pont tournant, mesurant chacune 35m,661 depuis l'axe de la pile (côté pont tournant) au parement de la culée, et dont la longueur est en réalité de 34m,137. La largeur totale est uniformément de 26m,212.

Le projet du viaduc est dû à MM. Birdsall et Clarke. On a dû rechercher un certain effet architectural car la ville de New-York est à cet endroit très bien construite, et c'est pourquoi la disposition américaine par excellence de grandes lignes rigides avec articulations, a été écartée pour faire place au mode de construction plus européen de poutres principales formées par deux membrures, l'une supérieure, l'autre inférieure, réunies par des treillis, la membrure supérieure affecte même ici un aspect satisfaisant pour l'œil, une autre raison conduisait également à l'emploi de ce type dans ce cas particulier ; c'était la nécessité de rapprocher le plus possible les poutrelles. La hauteur libre minima fixée par la loi américaine, au-dessus des hautes eaux moyennes, est en effet de 7m,315 et la forte inclinaison (3 %) des rampes des approches, ne permettait d'employer sur le pont qu'un plancher d'une épaisseur assez faible.

On constate aussi la recherche de l'effet architectural dans la répétition à l'extrémité des deux travées fixes d'une arcature en granit, qui donne à l'ouvrage un aspect plus imposant. De même aux approches nord et sud.

La pile centrale est une tour annulaire de maçonnerie, supporté par un caisson annulaire en bois, rempli de béton, les fondations des piles entre travée tournante et travée fixe, sont faites de la même manière, et descendent à 12m,716 au-dessous des eaux moyennes. Les arches en

maçonnerie reposent sur piles et culées fondées sur pilotis. La maçonnerie en rivière, dans la partie extérieure et au-dessus du niveau des
basses eaux, est en granit. L'intérieur de la tour ainsi que les parties
extérieures de la maçonnerie en rivière situées au-dessous de ce niveau,
devait être à la volonté de l'entrepreneur, en granit, pierre calcaire, ou
granit de l'ancien pont dont l'état avait été jugé assez satisfaisant pour
un réemploi.

Nous donnerons à titre de simple indication les soumissions pour les
travaux totaux de maçonnerie. Chacune renferme deux prix, l'un pour
la construction en granit, l'autre pour celle en gneiss.

	Granit.	Gneiss.
John J. Hopper	5.554.600 fr.	5.446.100 fr.
Chiston Sevens	5.631.400	5.478.900
Andrew Onderdouk	5.950.100	5.916.500
Rogers et Farrell.	6.038.500	5.936.000
Hart, Anderson et Barr. . .	6.394.500	6.112.800
Stewart et Mc. Dermott. . .	6.650.800	6.595.800
Sooysmith & Cⁱ°	6.676.100	6.580.600
M. S. Coleman	7.814.900	7.814.900

Ces valeurs ont été arrondies en centaines de francs.

Le contrat d'adjudication comprend un pont de service représenté en
position sur la planche n° 2. C'est un pont tournant en acier, la pile est
naturellement formée par des pieux battus, ainsi que les passerelles temporaires d'approche. La machinerie du vieux pont y sera transportée
dès que la place sera faite pour la recevoir.

Nous avons indiqué ci-dessus quel était l'ensemble de la superstructure. Elle est représentée en détail par les planches 4-5.

La travée tournante mesure d'axe en axe des fibres neutres inférieure
et supérieure, sur l'axe, une hauteur de 29ᵐ,679. La membrure supérieure est formée par deux âmes dont l'épaisseur maxima est de 25 millimètres et de quatre coins de cornières de 102×102 dont l'épaisseur
maxima est de 21 millimètres. La membrure inférieure, recevant des
poutrelles écartées de 1ᵐ,27 seulement, se compose de deux âmes de
508×16 et de quatre coins de cornières horizontales dont l'échantillon
maximum est le $102 \times 102 \times 19$. Quant aux cornières de treillis, elles
varient comme échantillons depuis le $152 \times 89 \times 11$ jusqu'au $178 \times 89 \times 19$.

Ces poutres principales sont au nombre de quatre. Le trafic, très important, n'exige pas en effet moins de deux lignes de tramways,

placées dans l'axe de la chaussée occupent une largeur de 5m,182, deux voies charretières de 5m,105 chacune, enfin deux trottoirs de 3m,048, placés en encorbellement. Nous croyons que c'est jusqu'ici le pont tournant le plus large qui ait été construit.

La machinerie dont le plan d'ensemble est comprise toute entière, ainsi que les dynamos alimentant les lampes à incandescence de la travée tournante dans une salle de 7m,32 de largeur sur 19m,50 de longueur, située dans l'axe et au-dessus de cette travée. L'installation est double pour éviter toute interruption possible du service. La durée de rotation pour un quart de tour est seulement d'une minute et demie.

Le métal employé dans la construction du pont est l'acier doux. Les cornières plats et large plats doivent présenter une résistance à la traction de 39k,42 à 43k,64, et un allongement de 25 %, mesuré sur des éprouvettes de 203 millimètres de longueur, et 50 % de striction dans la surface du fuseau. Les rivets doivent présenter une résistance de 39k,42 à 42k,23, et le même allongement.

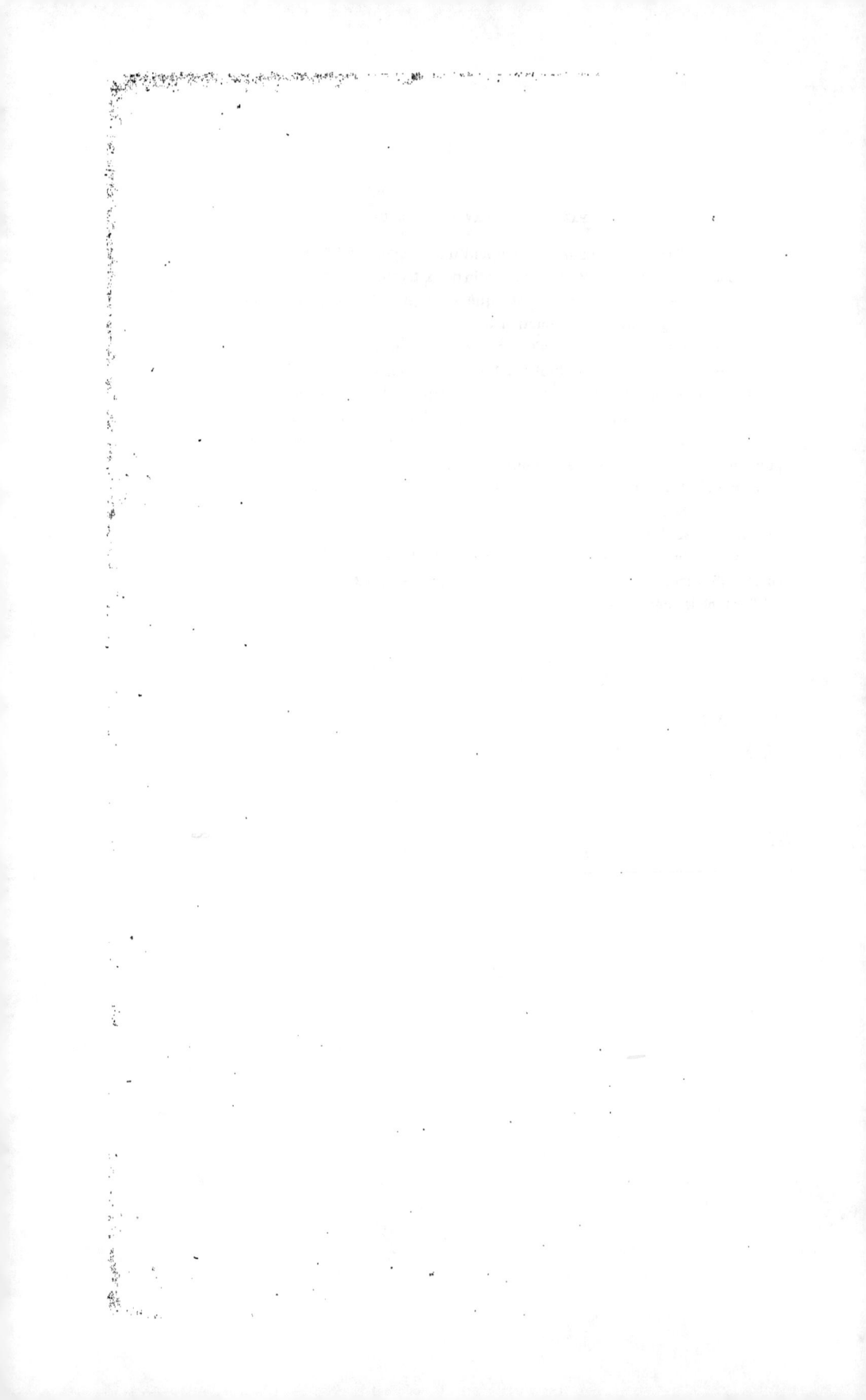

CHAPITRE III

PONTS MÉTALLIQUES FIXES, POUR CHEMINS DE FER

Pont sur le Mississipi à Memphis (Tennessée)
(Planches 8, 9, 10, 11, 12, 13.)

Ce viaduc a été construit sur les projets de M. George S. Morison, de Chicago, et terminé au printemps de 1892. Les planches représentent l'ensemble et diverses vues de ce bel ouvrage d'art.

Au point de vue de la longueur des travées ce pont occupe actuellement le troisième rang dans le monde. Il se range immédiatement après le pont du Forth qui a 518 mètres, et celui du Sukkur, qui a 250 mètres.

La travée principale a en effet 240^m,91. Deux autres de ses travées atteignent la longueur respectable de 189^m,30.

A l'ouest du pont proprement dit, le terrain, marécageux, nécessite un viaduc d'approche de 698^m,17 de longueur, pesant 1.500 tonnes.

Le poids de l'ossature métallique pour la travée principale de 241^m,91 ressort presque au chiffre considérable de 9.000 kilogrammes par mètre courant. Quant au poids total de l'ouvrage, viaduc d'approche compris, il s'élève à 8.904 tonnes pour une longueur de 1.521 mètres

Les fondations descendent à une cote maxima de 29^m,336 au-dessous des basses eaux. La différence de cote entre les hautes et les basses eaux est de 10^m,541. La distance de la plus basse corde des arcs au-dessus des hautes eaux est de 21^m,951, et celle de la même corde au point culminant de l'ossature, de 24^m,536. La hauteur totale du dessus du pont au-dessous des fondations est donc de 96^m,518.

La planche n° 8 donne une vue d'ensemble de l'ouvrage à peu près terminé. La figure 4 de la planche 8 représente assez exactement le mode de montage du cantilever. Les poutres et tronçons de poutre sont apportés immédiatement au-dessous de leur emplacement définitif à l'aide de chalands.

La figure 2 de la même planche montre les échafaudages des travées de rive et la figure 3 l'échafaudage de la travée d'ancrage d'un des cantilevers et une pile de rive. Le dernier de ces échafaudages, complètement dépourvu de diagonales formant contreventement est loin d'être recommandable, et aurait pu entraîner un terrible accident.

L'extrémité est du pont, formée par un bras ou balancier du cantilever, repose sur une pile construite sur un rocher. On prétend même que du haut de ce rocher, de Soto, qui découvrit jadis le Mississipi a pour la première fois contemplé la puissance des eaux de ce fleuve.

A l'ouest de l'ouvrage, est le viaduc d'approche. Quant à la travée cantilever, elle est au-dessus de la partie la plus profonde du fleuve.

Les fondations des piles ont été faites à l'air comprimé, leur profondeur au-dessous des basses eaux varie de $12^m,233$ à $29^m,336$. Les caissons sont au nombre de cinq, ils sont construits en bois, c'est d'ailleurs l'usage le plus général en Amérique. Ces caissons sont légers, et les dimensions de quatre d'entre eux sont les suivantes :

LONGUEUR	LARGEUR	HAUTEUR
$21^m,336$	$9^m,144$	$15^m,544$
28 ,041	14 ,325	18 ,288
28 ,041	14 ,325	12 ,192
12 ,192	6 ,706	24 ,384

Le lit de la rivière, à l'emplacement des piles, est formé par du sable compact, sur 12 à 15 mètres de hauteur. Pour prévenir les affouillements qui n'auraient pu manquer de se produire, on a foncé tout d'abord un matelas formé de branches de saule et de broussailles. Les caissons ont été ensuite mis en place, et le fonçage a commencé dès que la chambre de travail étant libre, les ouvriers ont pu couper le matelas le long du couteau.

La pression maxima à laquelle les ouvriers étaient soumis a été de 3 atmosphères 1/3, la durée du travail était de trois quarts d'heure seulement et un même ouvrier ne faisait que trois séances en vingt-quatre heures. Malgré toutes les précautions prises on a eu à déplorer le décès de quatre travailleurs.

L'ensemble du travail a été exécuté sous la direction de M. Morison

	PILE N° 1	PILE N° 2	PILE N° 3	PILE N° 4	PILE N° 5
Commencement du travail .	1er décembre 1889.	17 mars 1889.	30 juillet 1889.	24 novembre 1888.	25 avril 1870.
Lancement du caisson. . .	Construit sur place.	29 juillet »	26 octobre »	15 décembre »	Construit sur place.
Caisson conduit à l'emplacement de la pile	21 décembre 1889.	23 septembre 1889.	28 » »	17 » »	25 avril 1890.
Commencement du remplissage en béton. . . .	1er janvier 1890.	25 » »	5 novembre »	23 » »	8 mai »
Construction terminée. . .	8 mars 1890.	24 octobre »	11 décembre »	10 janvier 1890.	27 » »
Remplissage commencé . .	9 mars 1890.	11 » »	27 novembre »	10 » »	30 » »
Fonçage commencé. . . .	10 janvier 1890.	10 » »	16 décembre »	27 décembre 1888.	8 » »
Fonçage terminé	18 avril »	16 » »	24 août 1890.	6 février 1889.	8 juin »
Scellement commencé. . .	18 » »	16 » »	18 » »	6 » »	» »
Scellement terminé. . .	22 » »	24 » »	4 septembre »	10 » »	12 juin »
Maçonnerie commencée . .	10 mars »	26 » »	12 décembre 1889.	27 août »	Pas de maçonnerie.
Maçonnerie terminée . . .	23 juin »	25 avril 1891.	24 janvier 1891.	2 septembre 1890.	»

et de son représentant M. Noble, sans l'intervention d'aucun spécialiste. L'ouvrage a été mené rapidement comme on peut s'en convaincre par l'examen du tableau ci-dessus :

La hauteur de la maçonnerie des piles varie de 28ᵐ,35 à 48ᵐ,16. A l'arrière elle est formée par des pierres calcaires, en façade par du granit, mais partout les pierres ont de très grandes dimensions. La fondation de la pile culée côté est descend à 15ᵐ,24 au-dessous du sol, elle comporte 2.500 tonnes de maçonnerie.

Les hautes eaux étant à la cote 64ᵐ,616, et les basses eaux à la cote 59ᵐ,739, les cotes suivantes sont relatives aux diverses piles :

	PILE N° 1	PILE N° 2	PILE N° 3	PILE N° 4	PILE N° 5
Arête du couteau . . .	42ᵐ,016	26ᵐ,850	26ᵐ,205	37ᵐ,460	38ᵐ,070
Sommet du caisson . .	58 ,121	42 ,759	36 ,578	51 ,931	62 ,453
Sommet de la maçonnerie.	86 ,287	86 ,287	86 ,287	86 ,287	73 ,730

Etudions maintenant l'ossature. Celle-ci est presque entièrement en acier. Tous les écrous sont néanmoins en fer forgé. On a employé trois qualités d'acier : 1° un acier à haute teneur en carbone pour les membrures principales ; 2° un acier à teneur moyenne pour les planchers, le contreventement, les treillis des poutres principales ; 3° un acier doux, pour les rivets et pour les pièces spécifiées au cahier des charges en fer forgé ou acier doux, à la volonté du constructeur.

Les éprouvettes d'essai devaient satisfaire aux qualités définies par les conditions suivantes.

DÉSIGNATION	ACIER N° 1	ACIER N° 2	ACIER N° 3
Maximum de résistance à la traction .	54ᵏ,25	51ᵏ,02	44ᵏ,34
Minimum — — .	48 ,57	45 ,05	38 ,71
Limite élastique minimum	28 ,15	26 ,04	21 ,11
Allongement	18 %	22 %	28 %
Striction	38 %	44 %	50 %

Ces coefficients sont mesurés sur des éprouvettes de $0^m,203$ de longueur. Si on compare les qualités d'acier doux requises pour ce viaduc, sous la désignation n° 3 ci-dessus, et par la circulaire ministérielle française du 29 août 1891, on voit que l'allongement minimum est le même 28 % ; quant à la résistance minimum c'est également la même, (38 kilogrammes au lieu de $38^k,71$). Les autres qualités ne peuvent se comparer avec celles exigées par la circulaire française qui ne saurait admettre la qualité n° 1 dont l'allongement est bien au-dessous du minimum fixé de 22 % d'allongement de rupture.

Sauf dans les treillis, aucun trou n'a dû être fait à l'emporte-pièce. L'emploi de celui-ci est permis pour l'acier n° 2, sous la réserve que la débouchure soit faite à un diamètre inférieur à celui du trou, qui est ensuite alésé.

Vingt barres complètement terminées ont été prises pour les essais. Les rivets posés au chantier ont été au nombre de 100.000. A l'exception du cantilever toutes les travées ont été construites sur échafaudages. Les bras du cantilever ont $51^m,625$ de longueur, laissant ainsi à la portée intermédiaire une longueur de $130^m,67,$

Nous résumerons encore la description très complète des appareils d'appui faite par M. Morison dans les *Transactions* de la Société des Ingénieurs Civils d'Amérique.

Sur chaque appareil d'appui des piles n°^{s} 1, 2, et 3 l'ensemble du poids de l'ossature métallique et des charges roulantes représente un total de 2.000 à 2.050 tonnes, ce poids énorme agit en entier sur l'axe de la pile. Pour répartir convenablement cette charge sur les maçonneries, on a jugé qu'il fallait donner à celles-ci une surface d'environ 93 mètres carrés, et on a prévu une hauteur d'environ 3 mètres (exactement $2^m,997$) entre l'axe du tourillon et le dessus de la maçonnerie dans le but de permettre la répartition convenable de la charge sur la base des appareils d'appui.

Les appareils d'appui fixes sont situés sur les piles n° 1 et n° 3. Le tourillon a $0^m,256$ de diamètre; le montant et les deux diagonales reposent directement sur lui, leurs extrémités étant cintrées en conséquence. Telle n'est généralement pas la pratique américaine, qui emploie ce que nous pourrions appeler des *plaques-tourillons*, plaques toujours épaisses, percées pour laisser passage au tourillon et dont l'autre extrémité est solidement rivée au montant ou aux diagonales. Dans le cas actuel, l'épaisseur énorme qui aurait été nécessaire n'a pu permettre évidemment de les employer, ni même de songer à leur emploi.

Au-dessus du tourillon est un premier appareil d'appui en acier coulé présentant six nervures dans les plans mêmes des charges transmises par le montant et les diagonales. Ce premier appareil repose sur deux autres en fonte de fer moulée. L'appareil intermédiaire est en deux pièces, séparées par une sorte de platine à larges rainures, et réunies par de longs et puissants boulons d'entretoise horizontaux. Le sommier reposant directement sur la maçonnerie est en quatre pièces réunies horizontalement. Les sommiers sont également réunis deux à deux par des boulons verticaux. Le poids des pièces en acier coulé ou en fonte moulée, formant les supports sous chaque tourillon est d'environ 45 tonnes. L'axe du tourillon est à $2^m,997$ au-dessus de la maçonnerie et le sommet des longueurs à $3^m,984$ au-dessus de ce même niveau.

L'appareil d'appui mobile de la pile n° 2 est représenté en détail planche n° 10. La charge verticale est de 2.000 à 2.050 tonnes comme aux piles 1 et 3. La dilatation possible de la travée centrale seule est de 204 millimètres. L'appareil de dilatation employé est le type employé sur le continent, il est formé par des lentilles bi-concaves, on sait que le frottement dans cet appareil n'est pas très considérable, et que le fonctionnement en est assuré.

Le tourillon repose sur une pièce en acier coulé identique à celles des appuis fixes. Au-dessous de cette pièce sont deux planchers en fer I de 305 millimètres de hauteur, en acier carnegie, les fers du plancher supérieur sont disposés transversalement; les autres longitudinaux sont posés sur une table horizontale épaisse dont la face inférieure est rabotée. Cette plaque était prévue en deux parties, comprenant entre elles une sorte de platine, le temps seul a manqué pour ne pas suivre ce projet, le pont devant être livré à jour dit.

Au-dessous de cette plaque sont les lentilles, présentant une hauteur de 381 millimètres, écartées d'axe en axe de 152 millimètres. Elles sont au nombre de 30. L'élévation latérale n'en montre que 15, mais ces lentilles sont en deux parties séparées par une plaque verticale en acier assez épaisse. Les lentilles sont reliées transversalement deux à deux par deux fortes tiges d'entretoises dont on aperçoit les écrous sur la même élévation latérale; celles qui sont d'un côté de la plaque verticale ne peuvent donc travailler sans intéresser les autres. Des plats d'entretoise longitudinaux, à l'extérieur de l'appareil, limitent le mouvement

des rouleaux et préviennent tout retournement. On remarquera leur disposition spéciale, ainsi que les extrémités de la plaque en acier séparant les rouleaux qui, recourbées haut et bas en forme de mâchoires
empêcheraient tout renversement si la plaque supérieure d'appui venait
à glisser sur les faces supérieures des lentilles.

Sous les lentilles, un véritable plancher formé par des rails Vignole
dont il manquerait une aile inférieure, remplace la plaque généralement
employée en Europe. C'est la disposition adoptée depuis 10 ans par
M. Morison. Il est certain que ces rails forment une surface, qui une fois
rabotée et polie, est très avantageuse au roulement. Dans l'exemple
actuel ces rails sont au nombre de trente, quinze de chaque côté de la
plaque verticale séparant en deux parties égales (de $1^m,029$ chacune)
l'emplacement des lentilles de dilatation.

Le plancher de rails repose lui-même sur des pièces en fonte moulée
identiques à celles des appuis fixes.

La disposition des appareils de la quatrième pile n'a été adoptée que
pour rapprocher son aspect de celui des trois précédentes. On voit que
la rotule est placée au-dessous de la membrure inférieure. Le tourillon
permettant l'attache du montant et de la diagonale reçoit aussi l'attache
de la poutrelle. Cette disposition sans être mauvaise n'est pas aussi
recommandable que celle des autres piles.

Nous avons vu plus haut que les déplacements possibles dus à la dilatation atteignaient plus de 20 centimètres, il était donc indispensable
de prémunir le tablier d'appareils tels que ses différentes parties pus-
sent se rapprocher ou s'écarter les unes des autres sans occasionner de
fatigues supplémentaires. Le dispositif adopté est celui proposé par
M. Modjeski. C'est un balancier articulé à sa partie inférieure entre deux
goussets rivés contre la poutre et servant de guide à la poutrelle lors de
son déplacement. À son extrémité supérieure le balancier porte un rouleau en acier fondu de 127 millimètres de diamètre qui en se déplaçant
roule sur une plaque fixée verticalement contre la tête de la poutrelle.
Deux chainons assemblés avec le balancier par le boulon situé à mi-
distance entre les deux articulations extrêmes de celui-ci soutiennent
au moyen d'une bielle et d'un boulon une pièce en fonte fixée contre le
bas de l'extrémité de la poutre. On obtient ainsi que l'extrémité inférieure de la bielle se déplace toujours suivant une ligne horizontale. Cette
disposition n'entraine qu'un faible accroissement de la compression dans
la partie supérieure et de la tension dans la partie inférieure de la pou-

trelle ; par contre, elle réduit les frottements et supprime tout effort de tension dans les poutres du tablier.

Pont de Louisville (Kentucky)
(Planches 14, 15, 16, 17)

La figure 1 de la planche n° 14 représente une vue prise de l'extrémité de ce viaduc, quelques heures après l'écroulement de l'échafaudage de montage d'une des travées du viaduc, écroulement qui a entraîné avec lui celui de la travée en construction.

Nous examinerons tout d'abord, et en détail, la construction de cet échafaudage qui, à notre avis, est très certainement la cause unique de l'accident. Nous présenterons les raisons qui nous conduisent à une telle déduction, et nous donnerons, avec les dessins détaillés du pont, une note sommaire de calculs, qui montrera, outre les coefficients permis par la pratique américaine, que le pont était construit dans de bonnes conditions de résistance et de stabilité.

Les planches n°s 15 et 16, représentent l'ensemble de l'échafaudage de montage en vue longitudinale, et les détails d'un des pylônes transversaux.

Disons d'abord que chaque travée mesure une longueur de 166^m,57 d'axe en axe de ses tourillons extrêmes et comprend 14 panneaux de 9^m,246 et 4 panneaux de 9^m,143.

L'échafaudage comprend des pieux de 13^m,72 de longueur minima, et de 19^m,81 de longueur maxima, battus à une profondeur d'environ 4^m,60 au-dessous du fond de la rivière. Ces pieux ne sont réunis en aucune façon, ni longitudinalement, ni transversalement sur une hauteur de 9^m,14 environ, comprise entre le lit de la rivière et le niveau des basses eaux. L'entretoisement ne règne qu'à leur sommet sur une hauteur de 4^m,27.

Ces pieux ayant été battus et leur entretoisement supérieur étant terminé, on a construit l'échafaudage de montage; dont la hauteur est de 21^m,84. Comme on le voit sur les figures planches 14 et 15, la hauteur de cet échafaudage est divisée en quatre parties par des entretoises transversales, en 25 × 8. L'entretoisement diagonal longitudinal n'existe que de 3 en 3 panneaux.

Une travée de montage comprend 19 pylônes, écartés les uns des autres à une distance maxima de 9m,246 d'axe en axe. Nous ne nous étendrons pas davantage sur la description de cet échafaudage, dont toutes les parties sont soigneusement cotées sur les dessins.

Un élément de faiblesse, une mauvaise construction frappe immédiatement au premier coup d'œil jeté sur la figure. Ce sont les 9m,14 de hauteur libre des pieux plongés dans le courant, cette hauteur, comme nous l'avons dit plus haut, ne renferme aucun élément d'entretoisement. Et quand nous disons 9m,14, nous supposons implicitement que le fond de la rivière est resté dans une position fixe, mais rien n'était moins certain, cette cote a pu être modifiée par suite d'affouillements dans des proportions auxquelles on ne peut assigner la moindre valeur. Quoi qu'il en soit, si ces 9m,14 ont été laissés libres, c'est qu'on prévoyait qu'une hauteur un peu plus considérable ne pouvait nuire à la solidité de l'ensemble.

Le poids de la travée métallique était de 900 tonnes, le poids de l'échafaudage, tel qu'il résulte d'un calcul approximatif, peut être estimé à 700 tonnes, soit donc un poids total de 1.600 tonnes. Les pieux sont au nombre de 160, et en admettant un instant que la charge soit également répartie, on arrive à une charge de 10 tonnes par pieu. Ce poids, vu les dimensions, n'aurait pas été excessif si les pieux avaient été battus dans un terrain stable, et s'ils avaient été convenablement réunis en vue d'empêcher leur flambage et leur détermination.

On pourrait reprocher également la largeur de la voie de la grue mobile, portée à 1m,524, voie supérieure même à la voie normale, ce qui rendait la grue très pesante.

Les pieux, même en supposant la charge de 10 tonnes que nous avons un instant admise ci-dessus (et qui, sur certains pieux, était évidemment supérieure), étaient déjà chargés, par le seul fait du poids de l'ossature métallique, et du poids propre de l'échafaudage, à leur limite de sécurité. La surcharge provenant de la grue qui, poussée par le vent, a pu, en grande partie, se trouver reportée sur la voie extérieure dans un panneau dépourvu de contreventement (2 panneaux sur 3), et l'entretoisement insuffisant a suffi à notre avis pour produire l'accident.

Une autre critique que nous maintiendrons malgré les divergences d'opinions qui se manifestent le plus souvent à son égard, consiste à reprocher à cet échafaudage l'absence de tout contreventement longitudinal horizontal. Les dessins n'en montrent aucun, et ni l'avant métré, ni les rapports des ingénieurs ne le mentionnent. Sans contreventement longitudinal horizontal, rien n'empêcherait, selon nous, qu'un pylône de l'échafaudage ne soit renversé par un coup de vent qui n'aurait même pas intéressé les pylônes voisins, car nous ne voulons pas compter les 2 entretoises horizontales de 25 $\times$ 8, ni les diagonales de 30 $\times$ 8, ces dernières n'existant même qu'à tous les 3 intervalles.

Que ce dernier contreventement ait été omis, cela n'est pas surprenant, même pour un échafaudage de 22 mètres de hauteur, car ni en France ni en Amérique, ce n'est la coutume, mais il nous semble que dans le cas particulier qui nous occupe, un ingénieur prévoyant n'aurait point dû se borner à un simple contreventement longitudinal vertical, *dont les diagonales n'existent même que de 3 en 3 panneaux successifs*. Nous pensons qu'après la chute de l'échafaudage du pont de Louisville, les constructeurs qui ont eu connaissance de cet accident, et ils sont nombreux, tant en Amérique que sur le continent, n'auront plus aucune hésitation.

D'un autre côté, si nous examinons l'entretoisement ou contreventement transversal de chaque pylône, nous le voyons réduit à sa plus simple expression par l'emploi d'un seul système de diagonales, dont les sections sont aussi faibles que le permet la sécurité, dans le premier panneau de 5^m,105 de hauteur, situé immédiatement au-dessus des têtes de pieux. Encore ces 2 barres de 30 $\times$ 7 ne reportent-elles point une partie de la charge agissant sur les files extérieures des pieux, sur les files intérieures.

Ce n'est pas la première fois que la Phœnix Company, constructeur de ce pont, et l'une des plus grandes compagnies des ponts et travaux en fer américaines, a souffert de la faiblesse de ses échafaudages. Tous les ingénieurs qui ont eu occasion d'en construire ou d'en surveiller, savent avec quelle difficulté on parvient à exiger des monteurs, la stricte observance des dessins préparés au bureau d'études. De plus, la Phœnix Company avait eu, en cours d'exécution, son attention appelée sur la nécessité d'établir un entretoisement sur la hauteur des pieux plongés dans l'eau, à la fois diagonal et longitudinal.

La compagnie avait à son actif l'emploi de bois neufs, en sapins du sud.

Résumant ce qui précède, nous reprochons à l'échafaudage sa faiblesse générale et sur trois points particuliers une grande défectuosité : 1° absence de tout entretoisement des pieux dans leur partie au-dessous du niveau de l'eau; 2° absence de contreventement longitudinal hori-

zontal; 3° absence presque complète de contreventement diagonal entre
les pylônes successifs, 4° emploi d'un seul système de diagonales dans
l'étage inférieur de 5^m,105 de hauteur de chaque pylône.

En exprimant ces critiques nous ne voulons jeter aucun discrédit
particulier sur la Phœnix Company, mais simplement signaler de mauvaises pratiques résultant de la construction d'échafaudages trop éco-
nomiques, et surtout du contrôle insuffisant exercé par les ingénieurs
chefs de service sur leurs agents secondaires et sur les monteurs.

Le rapport officiel de l'ingénieur en chef du pont de Louisville, cons-
tatait que les contreventements métalliques du pont étaient posés, et
que les 4/5 des rivets de chantier, et des boulons étaient posés, lors de
l'accident. Mais alors, si véritablement le pont était monté, boulonné
aux 4/5, si les membrures étaient raides, c'est un véritable bonheur que
l'échafaudage se soit écroulé, car l'ossature aurait eu de tels défauts
que bien des vies humaines auraient risqué d'être sacrifiées.

Le rapport parle d'un coup de vent d'une vitesse de 60 à 64 kilt. à
l'heure, assez fort pour avoir renversé le pont. Une telle théorie ne se
soutient pas. Jamais un pont, dont le contreventement est entièrement
posé, dont les rivets et boulons sont aux 4/5 placés, ne sera renversé
ainsi. Au voisinage immédiat de l'ouvrage, à peine à 30 mètres, est
l'île de « Tow Head », qui n'a eu aucun arbre de brisé, aucun toit, aucune cheminée de renversée.

Le déblaiement des décombres a prouvé que les joints de la membrure
supérieure ne renfermaient que quelques boulons, que le contreventement diagonal n'était également placé qu'avec quelques rares boulons. Les
joints des membrures supérieures que l'on voyait au-dessus de l'eau ne
montraient aucun rivet d'assemblage, un des montants, où 47 rivets devaient être posés au chantier, ne comptait que 17 trous bouchés avec
des boulons insuffisamment serrés. D'autres couvre-joints désignés pour
15 boulons à poser au chantier, présentaient 7 boulons. Il est donc à
présumer que le reste était à l'avenant, que 1/3 ou 1/4 des trous seulement étaient bouchés.

La superstructure de l'ouvrage a été étudiée par le professeur Burr.
En ce qui la concerne, les dessins définissent une construction telle que
l'ouvrage est vraisemblablement capable de résister aux charges verticales et aux efforts de vent qu'il est appelé à supporter.

La charge morte, et le poids propre de l'ossature métallique s'élèvent
ensemble à 5.800 kilogrammes par mètre courant de pont. La charge

roulante est composée de deux locomotives type « Consolidation » dont le diagramme est indiqué ci-dessous, suivi par une file indéfinie de wagons, remplacée au calcul par une surcharge de 4.460 kilogrammes au mètre courant de pont. Enfin, la pression de vent admise dans les calculs est de 147 kilogrammes par mètre carré.

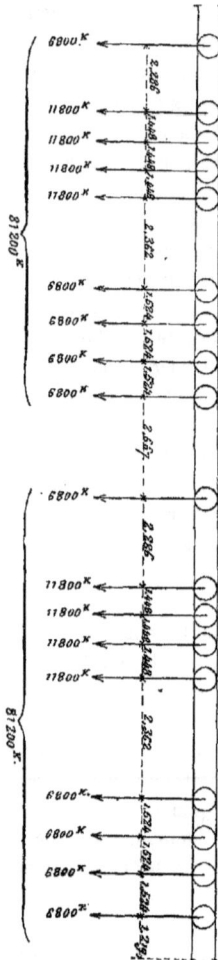

L'ensemble d'une travée, ainsi que le schéma indiquant les numéros des éléments qui nous serviront aux calculs, les détails en élévation, plans et coupes sont représentés par la planche n° 15-16.

Les poutres principales sont du type Pratt avec panneaux subdivisés. La membrure supérieure est composée de deux âmes de 762 de hauteur et d'épaisseur variable, de deux cornières inférieures de 152 × 152 pesant 40k,60 le mètre, de deux cornières supérieures à sections variables. La membrure inférieure de larges plats de 254 millimètres de largeur, et de nombre et d'épaisseur variable, au total de 150 à 422 millimètres.

Les diagonales tendues sont formées par de larges plats de 203 millimètres, celles comprimées de deux âmes de 406 millimètres de hauteur et de quatre cours de cornières d'échantillon variable. Les montants sont composés tantôt de deux fers en [de 305 millimètres de hauteur, tantôt de deux plats de 152 × 25.

Nous donnons aux tableaux ci-dessous le détail des sections, l'effort total qu'elles ont à supporter, leur surface, et le travail du métal correspondant, dans les poutres principales, en kilogrammes par millimètre carré.

§ I. — MEMBRURES SUPÉRIEURES

DÉSIGNATION	COMPRESSION MAXIMA	SECTION ADOPTÉE	SURFACE de la SECTION	TRAVAIL du MÉTAL
Élément n° 1.	585.150^k	1 plate-bande de 762$^m/^m$ × 19 $^m/^m$. 2 cornières supérieures de 152 × 102 2 cornières inférieures de 152 × 152 2 âmes de 762 × 25.	mill. carrés 71.600	8^k,18
n° 2.	547.510	Comme la section n° 1, les âmes étant en 22 $^m/^m$.	67.000	8 ,17
n° 3.	575.680	Comme la section n° 2	67.000	8 ,60
n° 4.	575.680	d° . . .	67.000	8 ,60
n° 5.	632.700	Comme la section n° 1, les âmes étant en 27 $^m/^m$.	74.620	8 ,48
n° 6.	632.700	Comme la section n° 1, les âmes étant en 27 $^m/^m$.	74.620	8 ,48
n° 7.	688.800	Comme la section n° 1, les âmes étant en 32 $^m/^m$.	77.670	8 ,86
n° 8.	688.800	Comme la section n° 1, les âmes étant en 32 $^m/^m$.	74.670	8 ,86
n° 9.	724.200	Comme la section n° 1, les âmes étant en 32 $^m/^m$.	74.670	9 ,44

§ II. — MEMBRURES INFÉRIEURES

DÉSIGNATION	TENSION MAXIMUM	SECTION ADOPTÉE	SURFACE de la SECTION	TRAVAIL du MÉTAL
Élément n° 10.	416.034^k	4 L. Plats de 254 × 37	milli. carrés 37 595	11^k,06
n° 11.	416.034	Comme au n° 10	37.592	11 ,06
n° 12.	415.500	2 L. Plats de 254 × 37. . . . 2 L. Plats de 254 × 38. . . .	38 100	10 ,90
n° 13.	415.500	4 L. Plats de 254 × 46.	46.736	8 ,89
n° 14	584 950	2 L. Plats de 254 × 62. . . . 2 L. Plats de 254 × 64. . . .	64 008	9 ,14
n° 15.	584.950	Comme au n° 14	64.008	9 ,14
n° 16.	584.950	4 L. Plats de 254 × 48. . . . 2 L. Plats de 254 × 51. . . .	74.677	7 ,84
n° 17.	615.240	4 L. Plats de 254 × 54. . . . 2 L. Plats de 254 × 53. . . .	81.788	7 ,52

Pont droit à âmes pleines, à la 93ᵐᵉ rue de Chicago

(Planche 18).

Nous donnons sur la planche n° 18 les détails de ce pont, qui est à poutres droites et âmes pleines. C'est un bon exemple de la pratique américaine et dans cette « Revue » il convient d'indiquer à côté des grands ouvrages d'art, des ouvrages de moyenne et même de faible importance, pour que le lecteur ait une idée bien nette du mode de construction au delà de l'Océan.

L'Illinois Central Railway comprend à cet endroit huit voies, deux pour le service suburbain, deux pour les grandes lignes, quatre pour le service des marchandises, et ces voies servent également au passage des trains des Compagnies Michigan Central, et Cleveland, Cincinnati, Chicago and Saint-Louis. Il a donc été nécessaire de n'interrompre l'hiver dernier (1893) que le moins possible la circulation des trains. A cet effet un échafaudage temporaire fut construit dans des conditions de résistance et de stabilité telles que les trains ont pu y circuler sans aucun danger. Cet échafaudage représenté par la figure 2 comprend quatre parties distinctes supportant chacune deux voies, on a donc pu le construire en n'interceptant que deux de ces voies à la fois.

Le montage du tablier métallique a été fait également en quatre parties. Le temps nécessaire pour enlever deux anciennes voies et les reposer sur l'échafaudage a été de 36 heures seulement.

La figure 1 représente une coupe suivant la longueur des voies de l'Illinois Central, on voit que les pieux ont été battus à une distance de $3^m,658$ les uns des autres, ils ont une longueur de $8^m,50$ environ, et supportent des pièces de bois de 36×31, occupant chacune ou à peu près la longueur d'une traverse, reliés ensemble par une entretoise de deux forts boulons formant office de poutrelles.

Les culées sont en maçonnerie et reposent sur un lit de béton de $0^m,610$ d'épaisseur. Entre les culées s'étend un lit de béton de ciment de Portland, de $0^m,76$ d'épaisseur coulée sur de l'argile pilée ; c'est sur ce lit que sont posées les voies de la Calumet Electric Street Railway Company.

Les voies du tramway sont à ce point à une cote voisine de celle des eaux du lac Michigan, les drains conduisent l'eau à des bassins de retenue où elle est reprise de temps à autre par une petite pompe placée à la station voisine, située à deux ou trois cents mètres au plus. La rue est pavée, et sur un côté il y a un trottoir planchéié de 1ᵐ,83 de largeur. Les abords du passage sont en rampe de 0ᵐ,40 par mètre.

La figure 3 représente une des culées et la position définitive des voies et des poutres. On remarquera que l'axe d'une quelconque des voies ne coïncide pas avec l'axe des deux poutres voisines et que les positions relatives de ces axes varient beaucoup. Cela tient simplement à l'espacement inégal des voies primitives, la même distance commune de 4ᵐ,235 entre deux poutres successives a occasionné un léger déplacement de deux des voies.

Le pont présente une longueur totale de 29ᵐ,260, il est biais à 21°,50'. Les poutres principales toutes semblables se composent d'une âme de 1ᵐ,029 × 11, de deux coins de cornières supérieures de 127 × 102 × 16, de deux coins de cornières inférieures de 127 × 127 × 13, les plates-bandes ont 304 millimètres de largeur et sont d'épaisseur variable. Elles sont représentées en détail par la figure 7. La figure 8 représente les entretoises placées à chaque extrémité du pont.

La disposition du plancher est indiquée par les figures 6, 9 et 10 celui-ci est en fers U convenablement disposés; aucun ballast ne le recouvre, la peinture et les réparations sont donc bien facilitées. Les eaux s'écoulent par de simples trous percés dans les fers U extrêmes.

La figure 8 représente une disposition particulière, isolant complètement l'ossature métallique du rail, cette disposition est nécessaire pour l'emploi du « Hall block signal », en usage sur la ligne. De chaque côté du rail sont placés deux véritables longerons, eux-mêmes en forme de rails, les champignons de ces derniers sont écartés de 203 millimètres; entre ces longerons est la longrine de 20 × 9, reposant sur leurs ailes intérieures. Le rail est fixé aux longrines tous les 44 centimètres, et entre la rondeur unique inférieure des deux boulons et le dessous de la longrine on vient placer un isolateur en bois de 13 millimètres d'épaisseur. Les ailes inférieures des longerons sont boulonnées au plancher. Ce mode de contruction a du moins l'avantage d'apporter une assez grande rigidité aux planches de pont d'une faible épaisseur, et de limiter beaucoup les vibrations assez désagréables qui leur sont inhérentes.

Le projet du pont est dû à MM. Wallace et Parkhurst, ingénieurs de l'Illinois Central Railroad, le constructeur de l'ouvrage est « l'American Bridge Works » de Chicago.

La dépense totale s'est répartie comme suit :

Terrassements	25.990 francs
Maçonnerie, culées.	84.405 —
Murs en ailes.	23.700 —
Remplissage derrière ces murs	7.500 —
Réservoirs de retenue	1.100 —
Pavage (pont et approches)	11.000 —
— —	1.250 —
Ossature	46.550 —
Pont en bois temporaire	9.875 —
Voies, rampes, pose de voies.	2.500 —
Salaire des inspecteurs (y compris ceux de la ville) .	2.950 —
Total.	216.820 francs

Pont sur la Tamise à New-London (Connecticut).

(Planches 19-20-21-22)

La figure 1 planche n° 19, représente une vue d'ensemble de ce viaduc construit pour le compte du New-York Providence, and Boston Railroad.

Depuis bientôt trente ans la construction de ce pont destiné à remplacer le transport par terre, était à l'ordre du jour. La solution de cette question était toujours retardée par l'opposition très énergique de la navigation toute puissante à cet endroit, et même après l'autorisation de construire, donnée en 1882 par l'État de Connecticut, il a fallu plus de six années avant la mise en adjudication, celle-ci échut finalement à l'Union Bridge Company de New-York.

La variation du niveau de la rivière au-dessus comme au-dessous des eaux moyennes est d'environ $1^m,10$. Le fond du lit est celui de tous les estuaires : couche épaisse de boues, puis argile, argile et sable fin, sable et coquillages, gravier s'accroissant en grosseur jusqu'aux galets roulés du terrain d'alluvion.

L'appareil qui a servi aux sondages était simplement formé par deux tubes cylindriques concentriques. Dans le tube intérieur on insufflait un jet de vapeur, celle-ci remontant par l'espace annulaire entre les tubes entraînait avec elle les matières remontées, qui étaient recueillies et examinées. Ce procédé, très simple, ne peut cependant pas être toujours employé avec une certitude absolue, car les matières à l'état de poussières fines ont bien peu de chances d'être remontées à la surface. Ici, la formation géologique du terrain, permettait, pour ainsi dire, une simple vérification, et l'emploi de cette méthode n'offrait pas d'inconvénients.

Les fondations, à l'exception toutefois de celles des culées et des deux piles les plus proches de ces culées, ont présenté des difficultés considérables. Pour celles-ci, on a opéré par dragage jusqu'au bon sol (galets roulés), un double caisson, dont les côtés étaient non pas en palplanches, mais en bois équarri, a été construit autour de l'emplacement projeté, puis foncé par le remplissage avec du béton. Ce béton était coulé dans des appareils spéciaux, de huit dixièmes de mètres cubes environ de capacité affectant la forme de coin et à section rectangulaire jusqu'au niveau de l'ancien lit de la rivière à cet endroit, il était nivelé à l'aide de scaphandriers.

Nous conviendrons de numéroter les piles de l'ouest à l'est. Les sondages avaient révélé l'existence du bon sol (galets roulés) sous les piles n°s 2 et 4, à des profondeurs respectives de 40 mètres, et de 30 à 36 mètres environ au-dessous du niveau des basses eaux moyennes, les épaisseurs de sédiments à traverser variaient de 18 à 23 mètres. Quant à la pile n° 3, les sondages y avaient été très irréguliers comme profondeur et n'avaient jamais indiqué qu'un mélange de gravier et de galets roulés sans atteindre un bon sol proprement dit.

On conçoit, dans de pareilles conditions, la grande difficulté des fondations. L'emploi de l'air comprimé pour le fonçage des caissons était impossible, les ouvriers auraient été soumis à des pressions beaucoup trop considérables, d'ailleurs en admettant même un instant comme possible la réalisation d'une telle méthode, l'énorme dépense qu'elle aurait entraînée aurait suffi à la faire rejeter. L'hypothèse d'un caisson ouvert, en bois ou métal, foncé à la fois par dragages et surcharges, et dont le volume libre entre parois intérieure et extérieure aurait été rempli de béton, a dû être également examinée et rejetée, non seulement à cause du coût très élevé de sa réalisation, mais aussi vu la grande difficulté de couler convenablement le béton, et la presque impossibilité à la pile n° 3 d'obtenir un dragage satisfaisant, les galets roulés se présentant à des niveaux fort variables. Quant à l'emploi de piles-cylindres isolées, il n'y fallait point songer, tout entretoisement étant irréalisable.

L'hypothèse de considérer l'argile comme bon sol suffisant ayant été rejetée comme imprudente, il ne restait plus qu'une seule méthode à envisager, celle qui a été suivie, et qui consiste en une fondation sur caisson ouvert reposant sur pieux.

Ces pieux doivent être battus à une profondeur considérable, variable de 30 à 40 mètres au-dessous du niveau de l'eau et doivent traverser une couche épaisse de boues qui ne présente aucune résistance même latérale. Il a été jugé indispensable de les entretoiser solidement, non seulement à leur partie supérieure, mais encore sur toute la hauteur de cette couche. De plus, on a dû les protéger contre un déplacement possible de ces boues.

A cet effet, on a disposé autour de l'emplacement futur de la pile un caisson en bois à double paroi, intérieure et extérieure, et muni de plusieurs assises de planchers jointifs à leur surface annulaire inférieure.

Le caisson de la pile n° 3 a été construit et foncé tout d'abord à une profondeur de 5m,50 à 6m,00 au-dessous du lit de la rivière, on a procédé alors à un dragage de la boue dans son intérieur; cette boue, mélangée avec du sable a été par la suite replacée au même endroit, une fois les pieux battus. On a pensé que cette dernière matière ne pourrait jamais s'infiltrer à travers le mélange d'argile et de sable sur lequel elle repose, tout d'abord, par l'effet de la plus grande compacité présentée par ce mélange après le battage des pieux, puis enfin par le frottement considérable présumé des petites colonnes de sable sur les pieux eux-mêmes.

Les caissons des piles 2, 3 et 4 ont un intervalle entre parois extérieure et intérieure de 2m,45, les premières ayant 7 mètres de hauteur. les secondes 1u,20 de moins, soit 5m,80 seulement. Cet intervalle est rempli lors du fonçage d'un mélange de gros graviers et de pierres cassées. Le caisson de la pile n° 3 présente en plan la forme d'un carré de 21m,60 de côté, il comprend, formées par l'entretoisement entre parois intérieures, 6 cases de 3m,65 sur 3m,65 à l'emplacement desquelles les pieux sont battus. Les caissons des piles 2 et 4 ont une surface de 24m,40 à 15m,20 et comprennent 8 cases de 4m,35 sur 4m,35.

Les pieux employés sont les uns en pin blanc du Michigan, les autres en pin jaune du Sud, ils ont des longueurs variables depuis 25m,90 jusqu'à 28m,95, et présentent à la pointe environ 23 centimètres de côté. Ils ont été battus avec un mouton de 1.800 kilogrammes à faible course, mais dont les coups se succédaient très rapidement. La sonnette était mue par une machine Mundy de 30 chevaux-vapeur.

Le nombre des pieux a été calculé en prenant pour charge maxima admissible 10 tonnes par pieu. Le battage a commencé à la pile n° 3, prête la première, et qui ne contient pas moins de 640 pieux.

Après avoir essayé comme chapeau de pieu tous les systèmes ordinaires, on a finalement adopté un simple socle en bois de chêne de

40 centimètres de côté, avec goujon en fer de 51 millimètres suivant l'axe, cette méthode a été jugée si satisfaisante qu'elle a été employée pour tout l'ouvrage.

Les pieux avant d'être battus à refus, ont été tous mis en place, à l'exception de 40 d'entre eux, contenus dans une même case, à l'effet d'introduire la scie pour le recépage. Cette dernière opération n'avait pas été envisagée sans quelque crainte, non pas en temps qu'opération même, malgré la profondeur considérable (14^m,30 à 15^m,50 suivant la marée), mais en vue du nivellement convenable des plans de recépage de chaque pieu, malgré les perturbations apportées à la fois par la marée et par le vent. L'arbre vertical de la scie, est en acier, de 76 millimètres de diamètre, il est relié à deux poutres verticales voisines, de 35 à 35 en sapin jaune, bien entretoisées entre elles à différentes hauteurs par des boulons. Ces poutres sont abaissées ou élevées suivant le niveau de la marée. La scie a 1^m,27 de diamètre et 9^{mm},6 d'épaiseur, elle reçoit son mouvement par un tambour horizontal de 0^m.381 de diamètre relié par une courroie de 254 millimètres de largeur à une poulie de 1^m,219 clavetée sur l'arbre moteur, tournant à 400 tours.

La difficulté n'a donc pas consisté dans le dispositif à adopter pour assurer une horizontalité convenable au plan de recépage, mais, chose inattendue, à chercher parmi les pieux, le pieu à recéper. L'opération menaçait de s'éterniser, et l'on a dû avoir recours à des plongeurs, dont le rôle était de déterminer la position des pieux par rapport à la scie, et d'indiquer dans quelle direction il fallait déplacer cette dernière. Grâce à cet emploi, le recépage a été fait avec une vitesse raisonnable, on a atteint le chiffre de 34 opérations par jour.

On a profité de l'expérience acquise à la fondation de la pile n° 3, pour les fondations des piles n°s 2 et 4. Chacune de celles-ci comprend 368 pieux, ceux de la pile n° 2 sont recépés à une hauteur de 18^m,30, ceux de la pile n° 3 à une hauteur de 13^m,10 au-dessous de la marée haute. La fondation de la pile n° 4 a suivi celle de la pile n° 3, les pieux ont été successivement implantés, puis battus rang par rang dans le sens longitudinal de la fondation, de cette manière on n'a pas eu recours aux plongeurs. Le battage et le recépage des pieux de cette pile a duré trente jours, la pile n° 2 a exigé très à peu près le même temps.

Les pieux, une fois battus, les caissons de protection ont été foncés, en introduisant tout d'abord un mélange de sable et de gravier entre les parois intérieure et extérieure, par un tube de 23 centimètres de

diamètre. Cette méthode, fort longue, a été abandonnée presque au
début, on s'est contenté de projeter directement le mélange à l'emplacement voulu, de la manière la plus uniforme possible, le courant ayant
été reconnu trop faible pour transporter ce mélange. L'intérieur du
caisson de protection a été ensuite rempli en partie avec des matières
draguées, partie enfin avec des débris de pierres apportées de l'amont,
d'un endroit où le gouvernement des États-Unis faisait approfondir la
rivière. Comme on le voit sur la figure 2, planche n° 19, le remplissage
a été continué sur les parois extérieures des caissons de protection, le
courant ayant encore été jugé trop faible pour le déplacer.

Pendant le fonçage des caissons de protection, les caissons proprement dits, avaient été préparés. Ces derniers, suivant l'usage américain
sont encore en bois, et sauf leurs grandes dimensions, du moins pour
les piles 2, 3 et 4, n'offrent rien de bien particulier, la maçonnerie est
construite à leur intérieur, à l'air libre. Les assises inférieures restent
naturellement en place, mais les côtés sont retirés dès que la maçonnerie est montée au-dessus du niveau de l'eau. La plus faible dimension
des bois employés, est de 30×12, c'est la section de l'entretoisement
diagonal sur les parois verticales des caissons. Les autres pièces, en
particulier, celles formant les assises du plancher sont en 30×30.

Il nous a paru plus intéressant de nous étendre tout au long sur le
système de fondations que de décrire en détail l'ouvrage métallique lui-
même qui est cependant un beau type de construction, surtout en ce
qui concerne la travée tournante. Celle-ci mesure $153^m,31$ de longueur ;
en 2 travées symétriques. Ces deux travées sont précédées de 2 bows-
trings de $94^m,49$, et 2 travées d'approche de $45^m,72$.

L'ensemble et les détails de ces diverses travées sont représentés
par les planches 19 à 23.

Les travées d'approche sont composées de 3 fermes principales de
$6^m,096$ de hauteur entre fibres neutres des membrures. La membrure
supérieure offre la forme d'un caisson constitué par 4 cours de cornières
de $76 \times 76 \times 13$ et $127 \times 89 \times 13$ réunies par deux âmes de toute
hauteur, soit 457 millimètres et de 13 millimètres d'épaisseur, et deux
âmes n'ayant que la hauteur entre cornières, soit 279 millimètres sur
13 millimètres d'épaisseur ; il n'existe pas de répartition de plates-bandes,
une seule semelle de 508×11, disposée à la partie supérieure est à
cheval sur l'axe. La membrure inférieure est en plats de 152 millimètres

de nombre et d'épaisseur variable; les montants et diagonales comprennent des fers profilés et des sections assemblées.

L'écartement des 3 poutres principales de ces travées est de 2^m,743, largeur calculée pour que les voies espacées de 3^m,657 d'axe en axe, répartissent également leurs charges sur ces poutres. On remarquera particulièrement dans les dessins de détail la disposition des rotules.

Les travées fixes, que la figure 9 représente en détail ne sont plus du même système triangulaire que les travées d'approche. Les poutres principales, au nombre de 2 seulement, sont ici du système Whipple, leur écartement est de 8^m,636, la largeur libre est de 7^m,925. Elles comprennent 13 panneaux de 7^m,188 de largeur, c'est le type américain à larges panneaux, avec membrure supérieure inclinée formant caisson, et membrure inférieure en fers plats. Le caisson présente ici une hauteur de 508 millimètres, les âmes sont en nombre variable de 4 à 6, 2 d'entre elles n'ayant toujours que la hauteur entre ailes de cornières, celles-ci sont uniformément en 102 $\times$ 102 $\times$ 19, la plate-bande supérieure qui a toute longueur est en 111 $\times$ 19. Les montants, à l'exception du premier et de l'avant-dernier de chaque ferme sont également en forme de caissons. Quant aux diagonales, fers carrés ou plats, leurs dimensions sont indiquées sur les dessins. La grande hauteur des poutres de ces travées, presque le septième de la portée, est également un trait caractéristique de cette construction.

L'ouvrage a été calculé en vue de supporter en outre de son poids mort, le passage de deux machines type Consolidation, pesant avec le tender, 171 tonnes, et couvrant une longueur de 31^m,394, suivies d'une file indéfinie de wagons, remplacée pour le calcul par une charge uniformément répartie de 4.468 kilogrammes par mètre courant. L'effort de vent admis dans les calculs de stabilité est de 745 kilogrammes par mètre courant de membrure inférieure, 447 kilogrammes par mètre courant de membrure supérieure.

Les coefficients maximum de travail admis sont déterminés par les expressions ci-dessous.

Barres travaillant toujours à la tension :

$$7^k,03\left(1 + \frac{A}{B}\right)$$

A, effort minimum total.
B, effort maximum total.

Barres travaillant alternativement à la tension et à la compression :

$$7^k,04 \left(1 + \frac{A'}{2\,B'}\right)$$

A' effort minimum, tension ou compression.

B' effort maximum, tension ou compression.

Le métal employé est l'acier sur sole, du moins, on avait eu l'intention de n'employer exclusivement que ce métal. On a été conduit par la suite pour gagner du temps à exécuter certaines pièces, entre autres plusieurs membrures comprimées, en acier Bessemer. Les constructeurs reprochaient à ce dernier métal une non uniformité dans les résultats des divers lots; il est certain que le procédé au convertisseur est un procédé très rapide susceptible d'occasionner quelques variations de compositions chimiques surtout en Amérique, où les opérations sont poussées très vite, mais on peut s'étonner de voir à une date aussi rapprochée, vers 1890, lors de la construction de ce pont, les perfectionnements de la fabrication du métal Bessemer méconnus à ce point, cet acier était pourtant employé déjà dans bien des ouvrages métalliques, il l'a été encore plus depuis, sans jamais manifester la moindre faiblesse.

La durée de l'opération, ouverture ou fermeture du pont tournant, est au minimum de 2 minutes 45 secondes, bien entendu cette vitesse est variable au gré du mécanicien; elle est réduite considérablement en temps de vent. Nous ferons remarquer comme dernier détail que la continuité de la voie ferrée est simplement obtenue entre les travées fixe et tournante en coupant obliquement le rail sur une longueur de $0^m,60$ environ.

CHAPITRE IV

PONTS TOURNANTS MÉTALLIQUES POUR CHEMINS DE FER

Pont tournant sur la rivière Passaic
Compagnie du " New-York, Lake Erie et Western Railroad "
(Planche 23).

Ce pont, construit par l'Union Bridge Company, sous la direction de M. C.-W. Buckholz, ingénieur en chef, est représenté sur la planche n° 23. Les points les plus intéressants à étudier sont l'attache des poutrelles et les montants des poutres principales, le contreventement horizontal diagonal supérieur, et la disposition des bases des montants du panneau central, construites à l'exemple des montants d'extrémité. La plus grande innovation réside dans la disposition spéciale des membrures supérieures des poutres principales dans ce même panneau central, disposition qui permet de soulever entièrement des extrémités du pont de dessus leurs points d'appui.

Généralement, quand un pont est sur le point d'être ouvert à la navigation les taquets extrêmes sont retirés, laissant les volées libres : quant au contraire le pont est sur le point d'être ouvert à la circulation, un effort est exercé pour soulever les extrémités, au moyen des taquets, ce qui donne un point d'appui suffisant. Cet effort de soulèvement est reconnu nécessaire pour prévenir le basculement qui pourrait se produire sur la volée non chargée quand un train est engagé sur l'autre volée.

Il est certain que le forcement des taquets produit bien simplement ce relèvement, mais à chaque position de ces taquets correspond un effort dans un élément donné. La détermination de ces efforts ne pouvant être faite d'une manière certaine, cette méthode de relèvement, bonne en elle-même, devient dangereuse en application. Elle est cependant universellement admise.

Il serait très désirable de connaître ces efforts, spécialement pour les ponts destinés à donner circulation aux charges énormes et toujours croissantes des locomotives modernes, mais cette connaissance ne peut se déduire que de celle exacte des réactions du pont, constantes seulement quand celui-ci repose sur ses appuis toujours d'une manière identique.

En établissant le projet du pont actuellement en service depuis juillet 1892 sur la rivière Passaic, M. Buckholz s'est proposé de n'avoir, d'une manière strictement théorique, que deux réactions : l'une quand le pont est ouvert à la navigation, l'autre quand il est ouvert à la cirlation. Dans ce dernier cas, son ouvrage est exactement assimilable à un pont à deux travées dont le panneau central ne supporterait aucun effort.

Deux procédés pouvaient à cet effet être employés : ou bien relever les extrémités du pont d'une quantité exactement connue, ou bien abaisser l'ensemble même du pont d'une hauteur déterminée. Le second de ces moyens a été adopté et on a fait pivoter chaque volée autour d'un axe passant par le pied du dernier montant. Celui-ci repose sur la pile centrale.

Ce résultat a été pratiquement obtenu en remplaçant la membrure supérieure du panneau central de chaque poutre principale, par une sorte de losange représenté par la figure 2 planche n° 23, dont la diagonale verticale comprend un vérin hydraulique. La distance d'axe en axe des articulations de cette diagonale est variable de $0^m,914$ à $1^m,130$.

Il en résulte, d'après les dimensions du losange, que les centres des articulations sur chaque montant peuvent se déplacer horizontalement de $0^m,0215$. On conçoit facilement que l'eau sous pression augmentant la hauteur du losange, diminuant par suite sa longueur, les extrémités des volées soient suffisamment soulevées pour permettre le retrait facile des clavettes.

Le fonctionnement du vérin est assuré par une pompe conduite par le même moteur qui fournit la force nécessaire à la rotation du pont.

Nous indiquerons maintenant d'une manière rapide la nature des divers éléments des poutres principales, composées de :

8 panneaux courants de $6^m,968 =$	$55^m,844$
1 panneau central de	$5,199$
formant une longueur totale.	$61^m,043$

mesurée d'axe en axe des articulations extrêmes.

1° *Membrure supérieure.*

Les membrures GH, HI, IK sont composées comme suit :

2 âmes de 508 × 13,
2 cornières supérieures de 102 × 102 × 19,
2   —   inférieures de 102 × 102 × 10,
1 plate-bande supérieure de 660 × 10.

A la partie inférieure de ces mêmes membrures sont placées près des articulations deux plates-bandes de peu de longueur, véritables tôles d'entretoises, et l'intervalle laissé libre est rempli par un treillis en croix de St-André comprenant successivement 8, 8 et 8 1/2 panneaux de 0ᵐ,610 ; le treillis est en fers plats de 76 × 10.

La membrure inclinée AC a la même composition que les membrures précédentes, à l'exception des âmes dont l'épaisseur est portée à 22 millimètres, et de la plate-bande dont la largeur est réduite à 0ᵐ,610.

2° *Membrure inférieure.*

2 âmes de 483 × 16,
4 cornières de 102 × 102 × 10.

La forme est celle d'un caisson, dont la largeur intérieure serait de 0ᵐ,457. Les goussets d'entretoise horizontaux sont placés près des articulations successives, et comme aux membrures supérieures, l'intervalle laissé libre est rempli, mais ici tout aussi bien à la partie supérieure qu'à la partie inférieure, par un treillis en fers plats de 76 × 10 formant 7, 8, 9 ou 10 panneaux en croix de Saint-André.

3° *Montants.*

Les montants se composent de deux âmes de 206 millimètres dont l'épaisseur est successivement 13, 10, 10 et 16 millimètres (les montants étant comptés depuis l'extrémité de la volée et de quatre coins de cornières longitudinales en 89 × 89 ayant les mêmes épaisseurs que les âmes sur lesquelles elles s'attachent. Un système de treillis de 152 × 10 règne sur les deux faces, comprenant 22 croix de Saint-André sur les montants courants.

4° *Treillis.*

Dans les panneaux BH et CJ il existe un double système de diagonales. Un seul système existe dans le panneau DK le plus rapproché du panneau central.

    — Panneau B H.
       2 Plats de 127 $\times$ 82 $^{m}/^{m}$
       2 Plats de 152 $\times$ 16.
    — Panneau C J.
       2 Plats de 152 $\times$ 44
       2 Plats de 76 $\times$ 19
    — Panneau D K
       2 Plats de 152 $\times$ 37.

Dans le panneau central l'entretoise horizontale est composée de :

    2 plats de 178 $\times$ 10 $^{m}/^{m}$ (longueur 3^{m},632)
    4 cornières de 76 $\times$ 76 $\times$ 8 (longueur 3^{m},632).
    4 plats renforts de 241 $\times$ 10
    1 treillis en 57 $\times$ 8

Un jeu est ménagé pour les tourillons de cette entretoise dans les montants EK, E'K', la distance d'axe en axe de ces tourillons étant de 5^{m},185, et celle d'axe en axe des montants 5^{m},209. Ce jeu est nécessité par le mode de fonctionnement même du pont.

Le panneau central renferme également un double système de barres diagonales en fers plats de 76 $\times$ 19.

Pont d'Omaha (Nébraska)
(Planches 24, 25, 26).

Cette travée tournante actuellement en construction entre les États Nébraska et d'Iowa, sera la plus longue du monde. Elle aura quelques mètres de plus que celle du pont de New-London (Connecticut) que nous avons étudié, et dépassera de beaucoup celle du pont à quatre voies sur la rivière Harlem, à New-York, qui, quoique le plus lourd de ceux construits jusqu'ici ne se range qu'au neuvième rang sous le rapport de la longueur de travée.

La travée actuelle (janvier 1894) est dans l'alignement du viaduc temporaire, légèrement différent de l'alignement définitif de l'ouvrage, lequel sera complété a une date ultérieure. La coupe transversale sur pile centrale, figurée en haut et à droite de la planche 25, représente en pointillé les parties en encorbellement ; celles-ci en effet ne sont pas encore construites. Ces consoles supporteront deux voies de tramways, deux voies charretières et les trottoirs. Les voies ferrées pour chemin de fer, au nombre de deux également sont placées entre les poutres principales.

La travée se compose tout d'abord de ces dernières poutres, écartées d'axe en axe de $9^m,144$, formées de :

14 panneaux courants de $10^m,667$ = ...	$149^m,338$
1 panneau central de.	$7,144$
Soit au total une longueur de.	$158^m,482$

Chacune d'elles présente une hauteur de $28^m,955$ sur pile centrale. La membrure inférieure est rectiligne, elle est composée de deux âmes et quatre cornières. La membrure supérieure, mixtiligne, est formée par des larges plats dans sa partie tendue, par une section en forme de caisson dans sa partie comprimée ; ce caisson comprend lui-même deux âmes, quatre cornières et une seule plate-bande. Nous donnons plus loin sous forme de tableau la composition et la section de chaque partie de membrure ainsi que les efforts maxima et le travail du métal correspondant.

Quant aux diagonales et montants, figurant également au tableau ci-après, ils sont formés de larges plats, ou de fers en $\sqsubset$ simples ou composés suivant que les efforts auxquels ils ont à résister sont des efforts de tension ou de compression.

A toutes les divisions de panneaux, soit tous les $10^m,668$, dans la partie courante, entre une poutrelle composée d'une âme de $2^m,145 \times 22$ et de quatre cours de cornières longitudinales en 152×152 à $33^m,25$ le mètre courant. Ainsi qu'il a été dit ci-dessus, les consoles en encorbellement au droit de ces poutrelles seront seulement mises en place à une date ultérieure.

Les quatre cours de longerons ont une composition uniforme. Ils sont formés chacun par une âme de $1^m,372 \times 10$ et quatre cornières 152×102, l'ensemble affecte la forme d'un double $\mathbf{I}$.

Le contreventement et l'entretoisement supérieur et inférieur sont clairement indiqués sur les dessins. La composition et la section des diagonales supérieures et inférieures est inscrite au tableau n° 2 ci-après, qui fournit également l'effort maximum auquel ces barres ont à résister, et le travail du métal correspondant (acier).

Tableau n° 1.

DÉSIGNATION	COMPOSITION DE LA SECTION	SURFACE m/m²	EFFORT maximum kilogr.	TRAVAIL DU MÉTAL par m/m²
	MEMBRURE SUPÉRIEURE			
AB	1 plate-bande de 711 × 14 2 âmes de 940 × 16 2 cornières supérieures de 182 × 89 2 cornières inférieures de 152 × 152 .	49.084	+ 34.000 —353.800	+ 0ᵏ,61 — 7 ,20
BC	1 plate-bande de 711 × 14 2 âmes de 686 × 14 2 cornières supérieures de 182 × 89 2 cornières inférieures de 152 × 152 .	46.910	+ 79.400 —327.950	+ 1 ,71 — 6 ,99
DE	Comme B C.	46.910	+155.100 —291.200	+ 3 ,30 — 6 ,20
FJ	1 plate-bande de 711 × 14 2 âmes de 686 × 19 2 cornières de 152 × 89 2 cornières de 152 × 152	53.438	+414.150	+ 7 ,75
JG	1 plate-bande de 711 × 16 2 âmes de 686 × 24 2 cornières de 152 + 89 2 cornières de 152 × 152	64.580	+ 60.350	+ 9 ,35
FG	4 L Plats de 254 × 57.	57.912	+613.250	+ 6 ,20
GH	6 L. Plats de 254 × 38.	57.912	+613.250	— 7 ,71
HH'	4 L. Plats de 254 × 51.	51.816	+549.300	+10 ,60
	MEMBRURE INFÉRIEURE			
AL	2 âmes de 610 × 16 . . . . . . 4 cornières de 152 × 152	40.506	— 24.050 +249.950	— 0 ,68 + 6 ,17
LM	2 âmes de 610 × 16 . . . . . . 4 cornières de 152 × 152	40.506	— 78.500 +323.400	— 1 ,94 + 7 ,98
MO	2 âmes de 610 × 22. . . . . . 4 cornières de 152 × 152	52.632	—311.200 + 88.900	— 5 ,91 + 1 ,50
OQ	2 âmes de 610 × 22 . . . . . . 4 cornières de 152 × 52.	52.632	—308.450 + 91.600	— 5 ,86 + 1 ,74

Tableau n° 1 (suite).

DÉSIGNATION	COMPOSITION DE LA SECTION	SURFACE m/m²	EFFORT maximum kilogr.	TRAVAIL DU MÉTAL par m/m²
	MONTANTS			
BK	2 L. Plats de 254 × 38.	10.304	+133.350	+ 6ᵏ,90
CL	2 âmes de 508 × 16.		+152.850	+ 6 ,83
	4 cornières de 89 × 76.	24.123	— 6 800	— 0 ,28
DM	2 âmes de 381 × 10			
	4 cornières de 89 × 76	13.448	— 13.600	— 1 ,01
IN	4 L. Plats de 154 × 38.	38.608	+133·350	+ 3 ,45
EI	2 ⊏ de 305 ᵐ/ᵐ à 33ᵏ,30 le mèt. courᵗ.	8 643	— 13.600	— 1 ,58
FS	4 L. Plats de 254 × 38	38.608	+287.600	+ 7 ,45
GJ	2 âmes de 381 × 10			
	4 cornières de 89 × 76.	13.448	— 13.600	— 1 ,01
J P	2 L. Plats de 254 × 38.	19.304	+133.350	+ 6 ,90
HQ	2 âmes de 711 × 16.			
	4 cornières de 152 × 89.	35.475	—273.500	— 7 ,71
	DIAGONALES			
BL	2 âmes de 610 × 13.		—102 050	— 3 ,50
	4 cornières de 152 × 152 . . .	29.154	+126.300	+ 4 ,43
CM	2 âmes de 610 × 15.		—176.900	— 5 ,04
	4 cornières de 152 × 152	35.088	+ 8.600	+ 0 ,25
MI	4 L Plats de 254 × 37.	37.592	+360.600	+ 9 , 60
I F	4 L. Plats de 254 × 42.	42.672	+428·200	+10 ,03
I O	2 âmes de 508 × 13		—115.200	— 3 ,30
	4 cornières de 127 × 89.	34.880		
OJ	2 âmes de 558 × 13		—117.950	— 5 ,65
	4 cornières de 127 × 89.	20.872		

Tableau n° 2.

DÉSIGNATION	COMPOSITION DE LA SECTION	SURFACE m/m²	EFFORT maximum kilogr.	TRAVAIL DU MÉTAL par m/m²
	CONTREVENTEMENT SUPÉRIEUR			
ab	4 cornières de 152 × 89.	8.672	6 800	0ᵏ,78
bc	4 cornières de 152 × 89.	8.672	13.600	1 ,57
cd	4 cornières de 152 × 89.	8.672	20.400	2 ,35
	CONTREVENTEMENT INFÉRIEUR			
1ᵉʳ panneau	4 cornières de 127 × 76.	7 482	47.600	6 ,36
2ᵉ —	4 cornières de 127 × 76.	7.482	40.250	5 ,38
3ᵉ . —	4 cornières de 102 × 76.	6.460	32.950	5 ,10
4ᵉ —	4 cornières de 102 × 76.	6.460	25.650	3 ,82
5ᵉ —	4 cornières de 102 × 76.	6.460	18.300	2 ,83
6ᵉ —	4 cornières de 102 × 76.	6.460	11.250	1 ,74
7ᵉ —	4 cornières de 102 × 76.	6.460	16.800 ?	2 ,60 ?

Les charges, surcharges, et efforts dus au vent sont calculés d'après les données suivantes :

Poids morts : 9.000 kilogrammes par mètre courant.
Surcharges :

Dans le calcul du plancher et du système réticulé des poutres principales : le train type Waddell classe X, avec une surcharge simultanée de 488 kilogrammes par mètre carré sur les voies charretières et les trottoirs.

Dans le calcul des âmes et des membrures des poutres principales la surcharge est supposée égale à 14.300 kilogrammes par mètre courant, quand une volée seule est chargée, et égale à 11.920 kilogrammes par mètre carré quand toute la travée est chargée :

Pression due au vent :

La pression maximum sur le système du contreventement inférieur est supposée égale à 894 kilogrammes par mètre courant, et sur le système du contreventement supérieur, égale à 417 kilogrammes seulement.

De ces données résultent les efforts maxima totaux inscrits au tableau n° 1 ci-dessus.

De l'examen de ces tableaux on peut déduire 1° que le travail du métal dans les membrures des poutres principales paraît avoir été limité à $10^k,60$ à la tension, et $7^k,20$ à la compression, 2° que ces limites semblent avoir été conservées pour les diagonales, 3° que la limite à la compression, comme celle à la tension a été choisie égale à $7^k,80$ dans les montants de ces poutres.

Nous résumons ci-dessous les spécifications du cahier des charges, relatives à la nature du métal employé, et aux conditions de résistance et d'élasticité auxquelles il doit satisfaire.

D'une manière générale, le métal du pont est en acier à teneur moyenne en carbone, fabriqué exclusivement sur sole. Il existe quelques pièces spéciales en fer forgé. Les rivets sont en acier doux, les appareils d'appui en acier fondu.

La résistance minima à la rupture de l'acier à teneur moyenne est fixée à $45^k,04$ par millimètre carré de section, le coefficient correspondant que doit présenter l'acier doux des rivets est de $40^k,12$. L'acier à teneur moyenne doit avoir une limite élastique tout au moins égale à la rupture, soit $22^k,52$, son pour cent d'allongement ne peut être inférieur au quotient du nombre fixe 84,5 par le chiffre représentant la résistance à la rupture, et le pour cent de réduction de section inférieur au quotient du nombre fixe 1.790 par le même chiffre.

La limite d'élasticité minima imposée pour l'acier doux des rivets est de $21^k,10$, l'allongement minimum et la réduction de section de 25 et de 45 % respectivement. Cet acier doit pouvoir supporter une charge double de celle produisant la limite d'élasticité sans présenter aucune fissure sur la partie convexe de l'échantillon soumis à l'essai.

Les éprouvettes employées pour l'acier à teneur moyenne doivent avoir une longueur égale à 10 fois l'épaisseur de cette même éprouvette. Quant à celles employées pour l'acier doux, elles ont uniformément $0^m,203$ de longueur.

La force nécessaire aux manœuvres du pont est fournie par deux dynamos type Waddell-Entz de quarante chevaux. Une seule de ces machines suffit à la manœuvre. L'arbre de ces dynamos fait 270 tours à la minute. Le plan de la chambre des machines et la section de son plancher sont représentés sur la planche 24 qui donne tous les détails du mécanisme.

Le mouvement de rotation du pont se transmet de l'axe des dynamos au grand tambour de 10^m,303 de diamètre par l'intermédiaire d'un premier arbre auxiliaire de 87 millimètres tournant à 60^t,5 par minute d'un second arbre de 108 millimètres tournant à 13^r,9 par minute disposé à la partie centrale de la tour, ce dernier porte à ses extrémités une transmission par roues d'angles actionnant l'arbre vertical portant l'engrenage qui actionne le tambour.

L'arbre horizontal placé près des dynamos, du côté opposé à la transmission retardatrice dont il vient d'être parlé, a un diamètre de 75 millimètres, et tourne comme les axes des dynamos à 270 tours à la minute. Il présente à une de ses extrémités une transmission par roues d'angles (voir figures 1 et 2, planche 24) dont l'arbre vertical, qui a également 75 millimètres de diamètre, à travers la transmission par roues d'angles successives représentée figures 6 et 8, planche 24, renvoie son mouvement à deux arbres horizontaux régnant sur toute la longueur des volées. Ces derniers arbres, amorcés sur la figure 6, engrènent à leur extrémité comme il est indiqué figures 1 et 2, planche 24, avec des arbres verticaux filetés sur leur partie inférieure. Les écrous de ces parties filetées en se déplaçant dans un sens ou dans l'autre entraînent à la fois une dénivellation des rails et des tourillons extrêmes, par l'intermédiaire d'une série de leviers clairement représentés sur les figures 1 et 2 planche 25.

Le faible dégagement nécessaire des extrémités des volées est ainsi assuré. On peut reprocher au système employé la très grande longueur des arbres horizontaux d'où résulte une force de torsion considérable auxquels ils doivent résister. Il eut été plus économique tant au point de vue des frais de première installation que des dépenses occasionnées à chaque manœuvre par l'excès de force employé à la rotation de l'arbre, frottements..., et aussi plus rationnel puisque l'électricité était ici employée, de placer des électro-moteurs aux extrémités des volées, lesquels actionneraient par une transmission simple et peu coûteuse les arbres filetés extrêmes.

L'ingénieur en chef sous la direction duquel l'ouvrage a été conçu et exécuté est M. Waddell de Kansas City. La Phœnix Bridge Company de

Phœnixville en est le constructeur, l'ingénieur chargé par cette compagnie de mener à bonne fin les travaux est M. John Stirling. Les dynamos, ainsi qu'il a été dit ci-dessus sont du type Waddell-Entz, elles ont été construites à Bridgepost (Connecticut).

Pont tournant sur la rivière Harlem, à New-York pour le passage des voies du New-York Central et Hudson River.

(Planches 27, 28, 29).

Nous décrirons plus loin, au chapitre viaduc, le nouvel ouvrage métallique le long de Park Avenue à New-York, qui conduit au pont tournant sur la rivière Harlem, pont à quatre voies, construit par la compagnie du New-York Central and Hudson River, et donnant également passage aux trains du New-York and Harlem River, New-York, New-Haven and Hartford, se dirigeant vers le terminus du Grand Central.

Les causes du changement de ce pont tournant qui était autrefois à deux voies, et la fixation de la cote de 5^m,485 comme hauteur libre au-dessus des hautes eaux seront également examinées à l'étude du viaduc d'approche, en même temps que les nombreuses modifications que ces changement ont entraînées.

Le trafic très important qui est appelé à circuler sur ce pont a nécessité l'adoption d'une forte structure. La compagnie n'a pas hésité à construire un pont robuste permettant le passage de tous les trains à toutes les vitesses et a choisi le type coûteux, mais pratique, préconisé en Amérique par M. G. Thomson : le système sans poutrelles. Nous verrons plus loin que le même système a été adopté pour les viaducs d'approche. Outre les avantages ordinaires de ce type de construction, l'emploi d'un plancher formé d'une suite non interrompue d'entretoises en caissons rivées entre elles, permettait, dans le cas actuel, de réduire la hauteur de ce plancher à un minimum, condition très avantageuse, réduisant la pente du viaduc d'approche, lequel présente une longueur considérable.

Le pont traverse la rivière Harlem sous un angle un peu moindre que 54° et quand il est ouvert à la navigation laisse deux passes navigables de 30^m,48 de chaque côté de la pile centrale. Celle-ci est toute particulière, c'est une véritable construction ; la pile proprement dite est en maçonnerie de pierre, avec béton à la partie centrale ; en amont et en aval s'étend, sur une longueur totale de 149^m,65, un échafaudage permanent en bois. (La hauteur du dessus des maçonneries aux moyennes basses eaux est de 7^m,315). Cet échafaudage, de 19^m,20 de largeur, offre une garantie des plus effectives pour la protection de l'ouvrage ouvert à la navigation.

Le pont est presque toujours ouvert à la circulation, et ce n'est que par la volonté expresse du Département de la Guerre qu'il comprend une travée tournante, le niveau des rails est tel que la hauteur libre de 5^m,486 au-dessus des plus hautes eaux n'oblige qu'à de rares intervalles à la rotation de la travée.

Les fondations ont été faites à l'air comprimé et descendent à une profondeur de 25^m,90 au-dessous des hautes eaux pour reposer sur le bon sol. Les couches successives traversées sont formées de vase, sable et vase, argile, soapstone, sable graveleux et gravier.

L'ensemble de l'ouvrage est représenté sur la planche 27, la travée fixe, côté 135e rue, a une longueur sensiblement égale à l'une des volées de la travée tournante dont la longueur totale, mesurée d'axe en axe des piles est de 118^m,566. Quoique notablement plus courte que les grands ponts tournants exécutés en Amérique ces dernières années, Omaha, New-London,... la travée tournante est encore d'une portée supérieure à toutes celles que nous rencontrons sur le continent, et c'est la seule à quatre voies des États-Unis. Elle occupe au point de vue du poids total le premier rang dans le monde, avec le chiffre respectable de 2.000 tonnes, en nombre rond.

L'ouvrage est formé essentiellement par trois poutres principales de 118^m,566 d'axe en axe des tourillons extrêmes, la largeur extérieure totale étant de 18^m,592, les largeurs libres intérieures de 7^m,925, et d'un plancher sans poutrelles du type déjà décrit.

Les poutres principales sont du système Pratt, avec panneaux subdivisés, c'est le type essentiellement américain que nous avons déjà rencontré et que nous rencontrerons encore au cours de cette « Revue ». Les poutres médiane et de rive sont identiques, sauf en ce qui concerne les trois panneaux sur pile, nécessairement différents pour la répartition directe des efforts transmis sur les galets de rotation. Ces panneaux sont représentés planche 27, les diagonales A formant, en réalité, membrures supérieures, sont moins inclinées aux poutres de rive. Quant aux nœuds des tirants supérieurs, ils se correspondent exactement.

La hauteur des poutres principales, mesurée près la pile centrale à l'extrémité des membrures inclinées A, est de 14^m,020, la hauteur correspondante près piles-culées est de 7^m,620. La distance des articulations des tirants horizontaux sur pile centrale, à la pile moyenne de la membrure inférieure, est de 19^m,507. Nous signalerons comme dérogeant aux dispositions habituellement employées, le mode de réunion des deux parties des diagonales des second et troisième panneaux, qui sont ici assemblées par des couvre-joints rivés. Le contreventement supérieur est formé d'entretoises horizontales en treillis de 63 $\times$ 13 et quatre cours de cornières de 89 $\times$ 76 $\times$ 10, travaillant à la compression, et de tirants en cornières de 127 $\times$ 89 $\times$ 10. L'entretoisement spécial formant portique des deux premières membrures inclinées près les piles-culées est clairement représenté sur la planche.

Il n'existe, bien entendu, aucun contreventement inférieur. Les entretoises du plancher ont une hauteur de 0^m,381 ; au lieu d'y couler, comme d'usage, du béton, puis de placer au-dessus le ballast, les rails sont ici fixés directement sur des goussets en 203 $\times$ 6, de 0^m,29 de longueur, boulonnés sur les entretoises, mais isolés d'elles par l'intermédiaire d'une fourrure en bois. Ce dispositif permet l'emploi des signaux ordinaires de la compagnie. Quant aux rails, ils sont solidement maintenus, à la fois par des crampons et des boulons recourbés.

La partie la plus intéressante est le système de poutres-supports et poutres distributrices transmettant la charge totale aux galets de roulement. Nous ne le décrirons pas ici, les dessins, planches 27, 28 et 29 étant des plus complets et indiquant au lecteur la disposition et la composition de ce système mieux que nous ne pourrions le faire saisir par une description même détaillée.

Le projet d'ensemble de ce pont a été établi par M. Walter-Katte, ingénieur en chef de la compagnie du New-York Central et Hudson River, les calculs et dispositions de détail sont dus à MM. G. Thomson et W. Wilson. Le constructeur est la King Bridge Company de Cleveland (Ohio). Le coût total de l'ouvrage, fondations comprises, a été de 2.620.000 francs.

CHAPITRE V

VIADUCS

Viaduc d'approche du pont tournant sur la rivière Harlem, à New-York
pour le passage des voies de la Compagnie " New-York Central et Hudson River "

(Planches 30-31).

Le pont tournant sur la rivière Harlem, commun aux trains des trois compagnies New-York Central and Hudson River, New-York and Harlem River, New-York, New-Haven and Hartford, se dirigeant vers la gare terminus du Grand Central, à la 42me rue de New-York, était encore en 1893 à double voie et fort insuffisant pour la circulation intense de près de 500 trains par 24 heures.

La compagnie du New-York Central et Hudson River ayant décidé son remplacement, et la construction d'un nouveau pont à quatre voies, le département de la Guerre, qui à la même époque par l'établissement du canal Harlem favorisait beaucoup la navigation entre la rivière Hudson et les rivières de l'Est, intervint, et imposa une travée tournante au nouvel ouvrage. La compagnie pour souffrir le moins possible de cette obligation, a élevé le niveau des rails à une hauteur telle, que la hauteur libre de 5^m,486 au-dessus des plus hautes eaux n'oblige à ouvrir la travée tournante qu'à de grands intervalles. Celle-ci fort intéressante à étudier, tant à cause de son poids considérable, qui la place au premier rang dans le monde, que par sa grande longueur, déjà décrite et représentée en détail.

La modification du niveau des rails a présenté une importance d'autant plus grande que l'ancien pont laissait une hauteur libre très faible à la navigation, et a amené une véritable révolution dans les approches de l'ouvrage, sur une longueur considérable.

Voici quel est l'ancien tracé entre la gare du Grand Central et le pont tournant sur l'Harlem.

Les voies en palier et au niveau de la rue près la gare et le long des ateliers, docks, (qui s'étendent de la 45me a la 53me rue) s'inclinent ensuite par des pentes assez prononcées, passant entre des murs de retenue formant culées de plusieurs passages métalliques supérieurs. A la 56me rue les deux voies extérieures s'engagent chacune dans un tunnel, et les deux voies intérieures dans un second tunnel à double voie. A la 96me rue la voie est en déblai, jusqu'à la 98me où commence un viaduc en maçonnerie assez long, renfermant des passages inférieurs, les uns en maçonnerie, les autres métalliques, aux traversées des diverses rues. Un autre déblai conduit de la 115me à la 130me rue où les voies se retrouvent au niveau de la rue et abordent en courbe l'extrémité est du pont sur l'Harlem, à double voie seulement comme il a été dit plus haut.

Les modifications suivantes ont été apportées par suite de l'élévation considérable du niveau des rails au-dessus des hautes eaux de l'Harlem.

Au sud, on a construit un viaduc en acier à quatre voies commençant à la 110me rue et s'élevant par une rampe uniforme de 3 millimètres par mètre environ jusqu'à la 116me rue au nord de laquelle le déblai existant a été comblé, ce qui a porté à 33^{m},33 la largeur de l'avenue du Parc. Au nord de l'Harlem les approches du nouveau pont sont formées partie par un élévated, partie par des remblais avec murs de retenue et passages métalliques supérieurs au-dessus des rues ; la voie descend graduellement par une pente de 7 millimètres par mètre environ pour atteindre la côte actuelle à la 149me rue à point de jonction des divisions de la rivière Hudson et de l'Harlem.

Les planches n°s 30 et 31 représentent le viaduc en acier s'étendant de la 110me rue jusqu'au pont sur la rivière Harlem. Les quatre voies sont supportées par trois cours de poutres longitudinales principales reposant sur trois files de colonnes en acier. Il n'existe pas de poutrelles, le plancher étant formé par des zorès composés en plats et cornières. Le projet du viaduc est dû à M. Walter Katte, ingénieur en chef de la compagnie du New-York Central et Hudson River; les constructeurs ont été l'Elmira Bridge Company pour les trois quarts environ de l'ouvrage (divisé en quatre sections) et du New Jersey Steel et Iron Company pour l'autre quart.

Le prix auquel a été adjugé l'adjudication est 7.370.000 francs, et l'ouvrage commencé le 1er septembre 1893 doit être terminé dans le délai maximum d'un an. Le viaduc total a une longueur de 1953 mètres et comprend les quantités ci-dessous de matières premières ou manufacturées.

Colonnes.	1.297 tonnes
Poutres principales.	6.888 »
Entretoisement.	318 »
Plancher.	10.357 »
Tuyaux de drainage	844 mètres
Garde-fous	719 »
Béton.	150 mètres cubes
Cloches de protection .	99 tonnes
Asphalte.	143 mètres carrés

La longueur moyenne des travées du viaduc est de 19^m,80, et celle d'axe en axe des palées de 19^m,95. Certaines travées ont cependant une plus petite portée, soit 16^m,068, mais ne diffèrent des travées plus importantes que par une réduction de un millimètre d'épaisseur d'âme sur la poutre centrale.

Au sud de le 115me rue la coupe transversale du viaduc est celle représentée à droite de la planche 31. La distance commune d'axe en axe des poutres principales est de 7^m,825; celles-ci sont placées sous le plancher et sont réunies entre elles par un entretoisement transversal en croix de Saint-André.

La coupe transversale au nord de la 115me rue est dessinée à gauche de la planche 31, la distance d'axe en axe des poutres est ici de 8^m,534, et la poutre médiane s'élève au-dessus des voies.

Les poutres principales ont une hauteur variable et affectent dans leur ensemble la forme d'un double I. Les poutres de rive ont 14 millimètres d'épaisseur d'âme, et 508 millimètres de largeur de plates-bandes; l'âme de la poutre médiane a 10 millimètres d'épaisseur et les plates-bandes atteignent 610 millimètres. Les cornières longitudinales en 203 × 152 × 19 sont de dimensions très considérables et d'échantillon peu courant. Tous les rivets de ces poutres ont 22 millimètres de diamètre.

Ainsi qu'il a été dit plus haut il n'existe ni poutrelles, ni contreventement. Ces rôles sont tenus par le plancher, qui est formé d'une série de fers zorès composés, en plats et cornières, ayant 435 millimètres de hauteur sur 381 millimètres de largeur. Les rivets du plancher ont uniformément 19 millimètres de diamètre.

Les piliers affectent une section rectangulaire. Deux faces, celles disposées transversalement, sont formées d'une âme de $0^m,559$ et de deux cornières en $152 \times 102 \times 19$, une des autres faces aux piliers extérieurs, et les deux autres faces aux piliers intérieurs, sont simplement composées d'un treillis en plats de 114×11, en forme de croix de Saint-André.

En vue de préserver les palées du choc des roues de voitures, chaque pilier porte à sa base une cloche de protection (*wheel-guard*) représentée en détail sur les dessins. Ces cloches, qui ont 13 millimètres d'épaisseur, ont été plongées quelques instants dans un bain formé d'asphalte naturelle, de coaltar et d'huile lourde maintenu à la température de 150 degrés centigrades. Les poches qu'elles forment à la base des piliers sont en fin de compte remplies avec du béton. Ce dernier est un béton de ciment Portland composé d'une partie de ciment contre une partie de sable à gros grains, à arêtes aiguës, bien convenablement lavé à plusieurs reprises et est entouré lui-même d'une couche de ciment d'asphalte.

Voici quelques extraits du cahier des charges en ce qui concerne la nature du métal employé, les différentes qualités qu'il doit présenter et les essais auxquels il peut être soumis.

L'acier sera entièrement fabriqué sur sole acide. La teneur en phosphore ne pourra excéder 0,08 % celle en soufre 0,06 % et celle en manganèse 0,4 %. Néanmoins, pour des pièces accessoires, ces teneurs pourront être plus considérables sans dépasser toutefois 0,1 et 0,05 % pour le phosphore et le soufre respectivement.

Des bandes d'essai, découpées dans le sens de la longueur et soumises à des expériences de rupture devront présenter un coefficient de résistance par millimètre carré de $40^k,82$ minimum et $45^k,75$ maximum, la limite élastique ne pouvant être inférieure à $26^k,75$. Les essais étant faits sur des éprouvettes de $0^m,203$ de longueur, l'allongement élastique pour les barres ayant une largeur de $0^m,914$ devra être de 28 %, et pour celles d'une largeur supérieure de 24 % au moins.

D'autres bandes d'essai de 38 millimètres de largeur, toujours découpées dans le sens de la longueur des barres, seront chauffées au rouge cerise et plongées dans l'eau à 28 degrés centigrades. Après cette trempe elles seront d'abord courbées puis pliées sur elles-mêmes sous le marteau dans deux directions opposées et ne devront présenter aucune fissure ou craquelure.

L'acier des rivets est l'acier doux, ayant une résistance à la rupture d'au plus 38 kilogrammes par millimètre carré de section, la striction correspondante étant de 60 %.

Le fer de très bonne qualité pourra être employé 1° dans les piliers pour les fourrures, barres de treillis et âmes de consoles; 2° dans les poutres, pour les fourrures; 3° dans l'entretoisement transversal et les jambes de force. Il devra présenter une résistance minima de rupture de $33^k,79$, une limite élastique minima de $18^k,30$ et des allongements de 15 % et 8 % dans le sens des fibres et dans la direction perpendiculaire respectivement.

Les rivets en fer seront en fer doux et devront bien résister sans fissure d'aucune sorte à un pliage sur eux-mêmes fait à froid dans deux directions opposées.

Les autres échantillons devront subir un pliage simple à 180° sans fissure aucune, toutefois les surfaces ne seront pas amenées en contact, le rayon intérieur du coude pourra s'elever à une fois et demie l'épaisseur de l'échantillon.

Le constructeur fournira des barres d'essai en fonte de 25,25 millimètres et de $1^m,524$ de longueur, provenant de chaque coulée. Ces barres placées sur des appuis écartés de $1^m,372$ devront résister au moment fléchissant produit par une charge de 227 kilogrammes suspendue en leur milieu. Cette fonte sera de plus grise et dure.

Les différentes et considérables modifications des approches du pont de l'Harlem ont été exécutées sans interrompre la circulation des trains du moins d'une manière appréciable. Entre les 105me et 116me rues, là où les voies étaient supportées par un viaduc en maçonnerie, on a construit de chaque côté des échafaudages en bois, véritables viaducs temporaires à deux voies. Entre les 115me et 130me rues les anciennes voies étaient en déblai, vu l'impossibilité d'exécuter les fondations des piliers intérieurs du nouveau viaduc sans interrompre complètement la circulation, on a eu recours à des palées longitudinales supportant momentanément les poutres médianes. Ce n'est qu'après le transport de la circulation sur le nouvel ouvrage que ces fondations ont été exécutées. Un intervalle de sept jours s'est écoulé entre leur établissement définitif et la pose des piliers pour permettre la prise complète du béton de ciment.

Nous ne décrirons pas ici les stations établies le long du viaduc à la 110me et à la 125me rue, la première plus spécialement désignée pour le service local (voies extérieures) et la seconde, plus importante, où s'arrêtent plusieurs trains de grandes lignes. Nous terminerons ici cette étude en renvoyant le lecteur chapitre IV page 79 pour la description du nouveau pont sur l'Harlem, qui nous l'avons dit plus haut est la plus lourde travée tournante du monde.

Viaduc d'approche du pont de Bellefontaine
(Planche 32).

La Compagnie Saint-Louis, Koekuk and Northwestern dont les actions sont entièrement la propriété du Chicago, Burlington et Quincy Railroad, a fait construire dernièrement un pont sur le Missouri, à Bellefontaine, qui fournit une nouvelle entrée à cette compagnie dans la ville de Saint-Louis. Ce pont, qui est à deux voies, comprend, à partir du côté sud, quatre travées de rivière de chacune 134^m,10 de longueur, un viaduc de 259^m,07 et 883^m,90 de voie reposant sur des pylônes en bois provisoires. Il comprend quatre piles en rivière qui sont de beaux types de construction, ces piles et la culée sud sont en pierre calcaire de Bedford, avec une assise extérieure en pierre de Saint-Cloud entre les barres et les hautes eaux. Elles ont été construites au moyen de l'air comprimé, trois des caissons mesuraient 21^m,34 $\times$ 9^m,14, le quatrième avait seulement 18^m,29 $\times$ 7^m,31.

Le viaduc d'approche comprend 27 paires de piles en briques supportant des tours en acier, indiquées au bas des figures 1 et 2 de la planche. Il y a donc 28 travées de 9^m,246 de longueur. Chaque longeron composé d'une âme de 1^m,041 $\times$ 13 et de quatre cornières longitudinales de 152 $\times$ 152 $\times$ 17 repose sur un porte à faux du longeron, précédent, comme l'indiquent les figures 2 et 3. Un axe en acier de 127 millimètres de diamètre sur 47 millimètres d'épaisseur, est séparé en deux parties, afin de laisser passage à une pièce P en bronze phosphoreux ayant 16 millimètres seulement sur l'axe, mais avec des rebords extérieurs lui donnant 41 millimètres de hauteur. La longueur de cette pièce étant de 95 millimètres seulement et la cavité intérieure présentée par les deux demi-axes ayant 108 millimètres, il reste un jeu suffisant pour la dilatation.

Le pont proprement dit comporte, comme il a été dit ci-dessus, quatre travées de 134^m,10; les poutres principales sont au nombre de deux, elles sont écartées de 9^m,144 et ont 16^m,764 de hauteur. Le poids total d'une travée est d'environ 1.400 tonnes.

L'ossature est entièrement en acier, tous les trous ont été alésés. Le métal provient des usines « New Jersey Steel and Iron » de Trenton, le constructeur est M. William Baird, de Pittsburg.

Le viaduc côté nord pèse environ 300 tonnes, MM. Roberts et Cⁱᵉ, de Pencoyd, en sont les constructeurs.

Non loin du pont de Bellefontaine, environ à 6 kilomètres au nord, M. Morison, l'ingénieur bien connu du pont de Memphis, fait construire en ce moment un pont sur le Mississipi à Alton. Cet ouvrage est entièrement distinct des ouvrages d'art du Saint-Louis, Koekuk et Northwestern Railroad. C'est un pont à deux voies comprenant six travées fixes de 64 mètres chacune, une travée fixe de 109ᵐ,73 et une travée tournante de 137ᵐ,16. Cette dernière longueur est une des plus considérables qui ont été atteintes aux États-Unis.

C'est un fait assez curieux à constater que la construction simultanée de deux grands ouvrages d'art sur deux fleuves aussi importants que le Missouri et le Mississipi, à 6 kilomètres l'un de l'autre, l'un à 8 kilomètres, l'autre à 5 kilomètres seulement du confluent de ces fleuves. Ajoutons que le même ingénieur, M. Morison, achevait, à la même époque, un troisième pont sur le Missouri, à Leavenworth.

Elevated de « Madison Street, » à Chicago

(Planches 33 et 36).

Le pont à deux voies de « Madison Street », à Chicago, est la plus longue travée actuellement existante desservant un chemin de fer « elevated »; d'axe en axe des fermes de retombée, ce pont mesure 131ᵐ,011. Une aussi grande longueur provient de ce que le Chicago and South Side Rapid Transit Railroad, pour aboutir au World's Fair, devait traverser les nombreuses voies de l'Illinois Central Railroad.

A l'est comme à l'ouest du pont proprement dit sont une série de petites travées d'approche dont la longueur moyenne est de 15 mètres environ. La travée sise à l'extrémité ouest du pont a seulement 9ᵐ,155, longueur menée d'axe en axe des fermes d'appui extrêmes, la travée à l'extrémité est a 15ᵐ,344. La direction de ces travées d'approche est celle de la 63ᵉ rue de Chicago. Les piliers de retombée sont placés en courbe, supportent des fermes transversales sur lesquelles s'attachent des longerons sous rail, type Warren.

Les fermes transversales aux extrémités du pont ont été calculées en vue de résister non seulement à des charges verticales. mais aussi à une poussée longitudinale. Comme on le voit sur les figures des planches il existe entre ces fermes et les suivantes non seulement un entretoisement, mais un contreventement longitudinal. On remarquera également la présence d'un fort contreventement transversal, mais ce dernier était tout indiqué, vu la grande hauteur du rail au-dessus de la chaussée (11^m,280). Tous les entretoisements et contreventements longitudinaux sont certainement d'une grande utilité ; on constate, en effet, sur l'un des côtés et à l'une des extrémités du viaduc une série de vibrations quand un train s'engage sur l'autre côté à l'autre extrémité. Ce fait a surpris beaucoup d'ingénieurs, et tend à prouver que les vibrations sont non seulement dues au mouvement ondulatoire produit par les charges verticales mobiles, mais participent encore de l'effet d'une poussée directe transmise surtout quand on vient à serrer les freins.

Les locomotives du Chicago and South Side Rapid Transit Railroad sont des locomotives Baldwin de 28 tonnes, elles traînent généralement des trains de 7 voitures, pesant chacune, charge maximum de 200 voyageurs comprise, 21 tonnes 1/2. Néanmoins, la charge roulante totale sur le viaduc surpasse souvent 180 tonnes, car il n'est pas rare que deux ou trois trains, se suivant de très près, ne soient simultanément engagés sur les voies, de telle sorte que la poussée longitudinale peut être considérable. Il est impossible néanmoins de lui assigner une valeur approximative quelconque.

Le plan qui avait été proposé pour les fondations des piliers était le même que le système admis pour les hauts bâtiments de Chicago, c'est-à-dire une répartition des charges sur une surface très étendue, le système sur pilotis a cependant prévalu en fin d'exécution. Les piliers reposent sur une série de planchers grillagés en bois, boulonnés à seize pieux en chêne, ces derniers descendent à 0^m,30 environ au-dessous du niveau moyen des eaux du lac Michigan.

Les piliers des fermes transversales de retombée de la travée de 131 mètres sont formés de quatre cornières de 152 × 102, affectant la forme d'un caisson dont les faces transversales sont en tôle de 762×25, et les faces longitudinales en treillis en fers plats de 114 × 13. Les bases de ces piliers, rendues rigides par deux forts goussets, reposent par l'intermédiaire d'un socle en fonte et d'un lit de béton de ciment Portland sur les assises de plancher, dont il a été parlé ci-dessus.

Quant au pont proprement dit, c'est un type très moderne de construction américaine. Les assemblages des divers éléments des poutres principales sont tous à articulation. La planche 33 en donne tous les détails. La membrure supérieure, en forme de caisson, est composée de :

2 âmes de 457 × 17
4 cornières de 89 × 89
1 plate-bande supérieure de 533 × 9 1/2

Aux nœuds de cette membrure et au milieu de chaque intervalle entre deux nœuds consécutifs sont des fers Ꞓ de 89 millimètres de hauteur formant entretoisement transversal ; ces fers Ꞓ existent à la fois au-dessus et au-dessous de la membrure supérieure. Un contreventement diagonal en cornière existe des seconds aux avant-derniers nœuds.

Les membrures supérieures s'attachant directement aux rotules extrêmes sont réunies, comme on le voit, à la fois sur la vue perspective et les détails, par une poutre en treillis de 1ᵐ,626 de hauteur en forme de double ⊥, composée de quatre cornières de 152 × 89 et 152 × 76 avec un treillis en cornières disposé en croix de Saint-André. Cette poutre repose sur les membrures par l'intermédiaire de consoles.

L'entretoisement supérieur est donc des plus résistants.

La membrure inférieure est composée, suivant l'usage de fers plats, de nombre et de dimensions variables, leur hauteur est néanmoins constante et égale à 152 millimètres.

Les montants sont composés de deux fers Ꞓ de 305 millimètres réunis entre eux à différentes hauteurs par des goussets de 349 × 10 et aux montants voisins par des poutres en treillis formées de deux fers Ꞓ de 152 millimètres disposés à plat et dont les ailes sont reliées par un treillis en N en fers plats de 44 × 6. L'emploi de cet entretoisement de montant en montant, réuni à l'entretoisement transversal supérieur par un treillis, est rendu nécessaire vu la grande hauteur des poutres principales.

Cette disposition n'existe pas naturellement aux premiers montants B. La coupe à l'extrême gauche de la planche 33 en indique la disposition très curieuse. Les quatre cornières disposées en forme de double ⊥, sont en 102 × 76, la hauteur transversale de la section est de 165 millimètres, et malgré les 13 millimètres seulement qui séparent les ailes des cornières, celles-ci sont réunies par deux treillis extérieurs en fers plats de 51 $\times$ 8. On ne conçoit guère pourquoi on n'a pas simplement adopté une âme entre les cornières.

Les poutrelles sont composées d'une âme de 686 millimètres de hauteur et de quatre cours en cornières longitudinales de 86 $\times$ 86. La hauteur du dessus des cornières supérieures à l'axe des articulations de la membrure inférieure est de 203 millimètres.

Le poids propre de l'ossature métallique, tel qu'il résulte des pesées, est de 241.300 kilogrammes, soit une moyenne de 8.600 kilogrammes par panneau et par poutre principale. L'ouvrage est calculé en vue de supporter en outre de son poids propre une surcharge formée par un train indéfini de locomotives pesant 25.400 kilogrammes chacune, et dont la longueur totale de tampon en tampon est de 9^m,144.

Le métal du pont est l'acier doux. Nous indiquerons seulement ici les résultats obtenus à l'essai de deux barres en fers plats de 6^m,182 et 5^m,153 de longueur (barres C et D) ; la première de ces barres a été acceptée, la seconde refusée.

BARRE C

Limite élastique (par millimètre carré)	26^k,10
Charge de rupture (par millimètre carré).	44,15
Allongement	10,30 %
Réduction de section	51 %
Texture de la section de striction.	douce.

Échantillon accepté.

BARRE D.

Limite élastique, par millimètre carré de section. . .	24^k,69
Charge de rupture, — — . . .	39,45
Allongement	17,56 %
Réduction de section	31 %
Texture de la section de striction	granuleuse.

Échantillon refusé.

Le pont a été construit par la Keystone Bridge Company. Le poids total de l'ouvrage, piliers compris, est de 381 tonnes.

Le montage du pont a été exécuté dans des circonstances rendues particulièrement difficiles, non seulement par le trafic très important dans la rue, mais aussi par l'élévation simultanée des voies de l'Illinois Central Railroad. Aucun accident sérieux n'a été à déplorer.

Ce montage a été fait pendant l'un des plus forts hivers connus à

Chicago, et dans les mois les plus froids. On a dû disposer de place en place des braseros pour empêcher la maçonnerie de geler.

Une expérience des plus intéressantes a été faite au cours de cette période, au point de vue des qualités que pourrait présenter un ciment congelé, ou plutôt de l'affaiblissement des qualités de ce ciment. A cet effet, on s'est servi d'un mélange de deux parties de sable contre une partie de ciment Portland, exposé à l'air pendant deux semaines. Ce mortier, une fois dégelé, a présenté les modifications suivantes : prise beaucoup plus vive, friabilité comparable à celle d'un mortier calcaire, résistance après deux ou trois jours presque égale à celle des mortiers d'Utique ou de Rosendale.

Viaduc de Trenton Falls

(Planches 34-35).

Les planches 34 et 35 représentent en détail les trois travées de ce viaduc, du type sans poutrelles, préconisé aux États-Unis par M. G. Thomson. L'ouvrage a été récemment construit sur la ligne de l'Adirondack et Saint-Lawrence Railway, dans la région du lac Adirondack.

Le plancher est du même type que celui adopté en 1888 par la Compagnie New-York Central et Hudson River, la ligne de l'Adirondack and Saint-Lawrence n'ayant fait que suivre le mouvement, mais en l'amplifiant considérablement et lui donnant une extension telle que, pratiquement, tous ses ouvrages d'art sont du type sans poutrelles. Ceux de 3 mètres et au-dessous ont leur plancher formé par des rails, ceux de 3 à 10 mètres, le plancher longitudinal type, formé par une suite non interrompue d'entretoises en caissons, rivées entre elles, ceux d'une portée supérieure ont le même plancher que ces derniers, mais les entretoises sont disposées transversalement.

Nous n'examinerons pas ici en détail les avantages et inconvénients de ce système. Rappelons simplement qu'il présente le desiderata en tant que sécurité, permanence et douceur de voie, surtout pour les petites portées, et que, dans les cas où les conditions d'établissement ne laissent qu'une faible hauteur libre pour le plancher, son emploi constitue une excellente solution.

D'un autre côté, si ce système présente un avantage sur l'entretien général, sur les frais du premier établissement et ceux d'entretien de culées, son coût est très élevé. Dans certains cas, cependant, il peut y avoir entre tous ces éléments une certaine compensation, en particulier dans les points des réseaux où le trafic, par conséquent l'entretien est très considérable.

Le viaduc de Trenton Falls comprend une travée à âmes pleines de 18m,288; une seconde travée de rive, en treillis, de 27m,432, enfin une travée centrale de 60m,959. C'est à l'heure actuelle l'une des applications les plus importantes du système sans poutrelles, qui, croyons-nous, ait jamais été faite; aussi les dessins représentent-ils en détail le plancher de la travée de 60m,959; ils indiquent également les planchers, identiques d'ailleurs, des deux travées de rive.

La forme des entretoises est la même, les dimensions seules varient; celles de la travée centrale sont formées d'âmes verticales de 0m,330 de hauteur sur 10 millimètres d'épaisseur, écartées de 0m,318; celles des travées de rive ont seulement 0m,162 de hauteur, l'espacement étant de 0m,305. Toutes ces entretoises sont rivées directement aux membrures des poutres principales. Une couche de béton d'asphalte les préserve de la rouille; le tout est recouvert de ballast, et la voie se pose à la manière ordinaire.

Le plancher, étant le fait caractéristique à signaler dans ce viaduc, nous ne nous étendrons pas sur la description de cet ouvrage. Nous avons d'ailleurs la bonne fortune de présenter au lecteur, sur les planches 34 et 35, les dessins les plus complets.

En terminant, que l'on nous permette de citer; à l'appui des excellentes conditions de résistance et de stabilité, dans lesquelles les viaducs du type Trenton Falls sont construits, le fait suivant qui se rapporte à un ouvrage plus important :

Le pont sur la rivière Willamette, à Portland (Orégon) comprend une travée fixe de 91 mètres et une travée tournante de 106 mètres. Le plancher est composé par une suite non interrompue d'entretoises en caissons, rivées entre elles ; c'est le système préconisé par M. G. Thomson. Les entretoises sont en acier basique. Un an après son achèvement, une crue d'une violence inaccoutumée porta le niveau de l'eau à peu de distance des semelles inférieures du pont.

Le courant charriait, avec une vitesse de 13 kilomètres à l'heure, des tronçons d'arbre où les branches et racines frappaient à chaque instant des arêtes du pont. Dans ces conditions, M. Morison, qui relatait la résistance extraordinaire du pont, dont chaque rivet était cependant après la crue fissuré et fendillé, n'hésitait pas à avancer qu'un ouvrage du type ordinaire aurait été certainement détruit.

Des épreuves de résistance transversale aussi sévères sont naturellement des faits rares et isolés, mais ce n'est évidemment pas dans ces cas seulement qu'un surcroît de raideur latérale est avantageux.

Viaduc de Pécos
(Planches 36-37-38).

Les viaducs de Kinzua et de Pecos sont les types des grands ouvrages d'art américains exécutés depuis 1882. Le premier a été construit au-dessus de la rivière Kinzua par la Compagnie New-York Lake Erie et Western : nous en rappelons plus loin les dimensions principales. Le viaduc de Loa, exécuté quelques années plus tard, sur la ligne du chemin de fer d'Antofagasta, en Bolivie, quoique de construction anglaise, a des points communs si nombreux avec celui de Kinzua qu'il n'est pas possible de le passer ici sous silence : il se range immédiatement, au point de vue de la hauteur du dessus du rail au niveau de l'eau, après les viaducs de Saint-Giustina, dans le Tyrol, et de Gabarit en France. Les arbalétriers des palées de ces deux viaducs sont du type bien connu « Phœnix. »

Voici un tableau résumé permettant au lecteur la comparaison des viaducs de Kinzua, Loa et Pécos :

DÉSIGNATION	KINZUA	LOA	PÉCOS
Longueur totale	625^m,00	244^m,00	664^m,60
Hauteur au-dessus de l'eau . .	92 ,05	102 ,41	97 ,81
Hauteur de la plus haute palée .	85 ,04	95 ,75	73 ,47
Largeur des palées	11 ,73	9 ,75	10 ,67
Ouverture de la plus grande travée. . . .	18 ,59	24 ,38	56 ,39
Largeur totale	5 ,486	3 ,962	4 ,876
Largeur d'axe en axe des poutres . .	3 ,048	2 ,692	3 ,048
Largeur de la voie.	1 ,434	1 ,067	1 ,435
Inclinaison des arbalétriers des paliers .	1/6	1/6	1/6

Dans ce tableau, la largeur des palées est celle mesurée d'axe en axe des montants.

Le lecteur peut s'étonner, à première vue, de ce que nous fassions ici mention du vaiduc de Kinzua, construit en 1882. Mais nous rappellerons que ce n'est que vers 1875 ou 1878 que le système, jusqu'alors uniformément adopté pour les viaducs américains, a subi une modification importante. Avant cette époque, les poutres de la voie reposaient sur une série de pylônes trapézoïdaux situés dans des plans perpendiculaires du viaduc, trapèzes dont la petite base avait une longueur égale à la distance d'axe en axe des poutres; des tiges diagonales continues réunissaient le sommet de la première palée au pied de la dernière. La modification a consisté dans l'emploi de deux palées seulement dans chaque pile, composées de deux arbalétriers également inclinés sur un plan vertical pressant par l'axe longitudinal du viaduc, entretoisés et contreventés dans tous les sens. Les viaducs, grands ou petits, construits depuis 1878, ont revêtu sous ce rapport un caractère d'uniformité remarquable.

Le viaduc de Pecos, dont la planche 36 représente une vue perspective, est dessiné en détail sur les planches 37 et 38. Il fait partie des travaux récemment exécutés, et si longuement étudiés par la Compagnie Southern Pacific, en vue d'éviter à son réseau de Galveston, Harrisburg et San Antonio le passage dans les canons de la rivière Rio Grande, entre Shumla et Helmet (Texas), là où la construction et l'exploitation eussent été coûteuses et dangereuses à la fois.

La longueur totale du viaduc, mesurée entre percements de culées, est de 664m,60. Les travées, au nombre de 48, sont de dimensions très inégales. Celles à âmes pleines comprennent trente-quatre longueurs de 10m,668, deux de 10m,744, et une de 13m,716; celles en treillis, huit longueurs de 19m,812, et les deux cantilevers, dont la poutre de jonction centrale mesure 24m,384, la distance d'axe en axe des piles voisines étant de 67m,055 et les consoles extérieuress à ces piles de 25m,908.

Pour les travées courantes, les dessins indiquent les détails du plancher et le départ d'une des poutres en treillis. En ce qui concerne les palées 14 et 15, sous le cantilever, ils indiquent à la fois leur composition et les efforts que les divers éléments ont à supporter sous l'influence de la charge roulante, du poids mort et du vent.

Les palées des deux piles centrales (13, 14, 15, 16), qui supportent les cantilevers, sont donc en tôles et cornières, Chaque arbalétrier estcomposé de deux âmes de 610 millimètres d'épaisseur variable, depuis 16 millimètres à la base jusqu'à 13 millimètres au sommet, et de quatre cornières de 127 × 89 de poids variable, depuis 20k,35 jusqu'à 26k,31 par mètre courant. Les dessins indiquent la composition des divers entretoisements et contreventements; ces premiers divisent la pile en huit étages, un inférieur de 9m,420, les autres de 9m,144. On remarquera qu'en vue de réduire la longueur libre des dernières entretoises horizontales, le constructeur a prévu une véritable ferme dans le plan moyen vertical de la pile.

Les autres palées sont en fer. Z Sous ce rapport, le viaduc de Pécos diffère absolument de ceux de Kinzua et de Loa, où, comme il a été dit plus haut, les arbalétriers sont du type Phœnix.

La composition des diverses travées n'offre rien de bien particulier. Les poutres des travées à âmes pleines sont formées d'une âme de 1219 × 10 avec deux cours de cornières longitudinales supérieures en 127 × 89 à 25 k. 80 le mètre courant, et deux cours de cornières inférieures en 127 × 76 à 27 k. 30. La membrure supérieure des travées en treillis comprend une âme de 381 × 22 et deux cornières de 152 × 102 à 32 k. 77 le mètre courant, les treillis eux-mêmes étant formés par deux larges plats de 305 × 22.

La largeur libre de 5m,030 se décompose comme suit :

Entre garde-rails	2m,172
2 garde-rails (madriers de 20 × 20).	0 ,406
2 trottoirs de chacun 1m,226	2 ,452
Total.	5m,030

la distance d'axe en axe des poutres principales est de 3m,048.

Les poutrelles sont en bois (madriers de 30 × 20) et supportent à chacune de leurs extrémités un garde-fou les dépassant de 1m,27, composé d'une cornière verticale en 76 × 51 et d'une jambe de force en cornière de 57 × 38.

On conçoit qu'avec une aussi petite largeur et une aussi grande hauteur l'action du vent ait été particulièrement à redouter. Les boulons d'ancrage dans les maçonneries d'appui sont de dimension et de longueur considérables, leur diamètre atteint 51 millimètres et leur longueur 6m,325 aux piles de support des cantilevers. Les maçonneries sont formées par des massifs isolés, en pierre, au pied de chacun des arbalétriers.

Quelques-uns de ces massifs sont de faible importance, le sol rocheux ayant été rencontré très près de la surface. Au fond de la gorge, en vue de placer l'ossature métallique à une hauteur telle que celle-ci n'ait rien à redouter des hautes eaux, les massifs ont été portés à 14 mètres de hauteur environ. Les fondations des palées 11 à 17 inclus descendent, à travers des cailloux roulés et des débris de roc, à une profondeur variable entre 9 et 12 mètres au-dessous du sol. Les massifs de ces mêmes palées sont en pierre calcaire blanche, extraite des carrières voisines de l'emplacement du viaduc. Toutes les pierres du couronnement des piles (deux pour chaque retombée) sont en granit de Burnet (Texas) et ont uniformément $0^m,50$ d'épaisseur.

Le poids total de l'ouvrage est de 2.650.000 kilogrammes. L'ossature des diverses parties étant la suivante, par mètre courant :

Cantilevers (consoles de $56^m,387$).	2 380 kilogrammes
— (travée de jonction)	1.790 —
Travées en treillis ($19^m,013$).	1.340 —
— à âmes pleines ($10^m,668$)	1.280 —

La charge roulante a été évaluée d'après les types les plus lourds du matériel du Southern Pacific. Quant à l'effort du vent, il a été pris égal à 244 kilogrammes par mètre carré, aucune surcharge ne circulant sur la travée, et à 147 kilogrammes dans le cas du passage d'un train.

Nous rappellerons pour mémoire, que ces efforts sont les mêmes que ceux admis dans l'établissement du projet du viaduc de Kinzua, et que dans les calculs de cet ouvrage le poids mort était évalué à 1.490 kilogrammes par mètre courant, et la surcharge roulante formée par une locomotive à marchandises du type « Consolidation » suivie de son tender et d'un train de 4.470 kilogrammes par mètre courant. La machine seule pesait $73^t,2$, son poids adhérent était de 40 tonnes environ, sa longueur entre tampons de $16^m,535$, et la distance entre les essieux moteurs extrêmes de $4^m,496$.

La rapidité d'exécution de ce viaduc est particulièrement remarquable. Elle s'est élevée pendant le montage à 225 mètres par mois, contre 150 au Kinzua et 30 au Loa, le nombre d'ouvriers employés étant en moyenne respectivement de 67, 40 et 35.

Du 3 novembre 1891 au 1er janvier suivant, la partie est du viaduc, les deux consoles et la moitié de la travée du cantilever ont été mises en place. Certaines pièces ayant subi des avaries pendant le transport, et le temps ayant été fort mauvais pendant neuf jours, il reste 44 jours de travail effectif pour le montage de 780 tonnes d'acier, soit une moyenne journalière de près de 18 tonnes. Le montage des parties basses du côté ouest a été fait à l'aide d'une petite grue jusqu'à la vingtième travée, c'est-à-dire la première travée en treillis de 19^m,812, et accompli pendant le démontage et le transport d'une rive à l'autre de la grande grue roulante décrite plus loin, avec un détour conduisant à une longueur totale de chemin de 60 kilomètres

Le 8 janvier 1892, la grue principale était montée à nouveau à l'ouest de l'ouvrage, et le travail très activement poussé se terminait le 20 février suivant par la réunion des parties des travées suspendues des cantilevers. Dans cette seconde période, la moyenne journalière du montage, accrue par la présence d'une grue auxiliaire pour les parties basses, et facilitée également par la moindre hauteur des piles s'est élevée au chiffre considérable de 27 tonnes.

La grande grue roulante formant l'engin principal de montage est représentée en vue perspective sur l'ensemble de l'ouvrage, planche 36. Elle est formée par deux poutres principales en bois de pin, placées à l'aplomb des poutres du pont, donc écartées d'axe en axe de 3^m,048, et deux poutres de rives espacées de 5^m,486 ; l'intervalle entre les deux poutres était chargé de chaque côté de 12 à 13 tonnes de rails, formant équilibre à la partie en porte à faux de 37^m,93 de longueur. La volée est à une hauteur de 3^m,912 au-dessus de la base du rail et la distance au même niveau des axes d'articulation des tirants en fer supérieurs sur les montants est de 12^m,598. La stabilité de la grue était encore assurée par des crampons de liaison entre la membrure inférieure de la grue et la membrure supérieure du pont.

Les divers tronçons du pont, dont le poids atteignait jusqu'à 20 tonnes, étaient amenés sur la volée de la grue à l'aide d'un treuil, et de là à leur position définitive. Quant aux tronçons des palées, leur montage a exigé l'emploi de câbles guides, afin d'amener l'inclinaison bien exacte des arbalétriers.

Les cantilevers ont été montés suivant la méthode ordinaire, c'est-à-dire en commençant par la partie située sur les piles, La première console mise en place, étant bien entendu, celle regardant la culée située du même côté que la grue.

A l'effet du parfait assemblage des deux moitiés de la travée suspendue portée par les deux consoles du cantilever, on a disposé, comme l'indiquent les dessins, un vérin hydraulique d'une puissance de 20 tonnes, fixé sur une console provisoire et actionnant la membrure inférieure de cette travée. A l'aide de ce dispositif on a pu facilement donner l'inclinaison désirable.

Le constructeur du viaduc est la Phœnix bridge Company dont il a été question si souvent dans le cours de cette « Revue ». La maçonnerie est l'œuvre de MM. Ricker, Lee et Cⁱᵉ de Galveston (Texas). L'ingénieur de la Compagnie Southern Pacific plus spécialement chargé de mener à bonne fin la construction de cet ouvrage remarquable a été M. Kruttschnitt.

CHAPITRE VI

PONTS A SOULÈVEMENT ET TRANSBORDEURS

Pont à soulèvement sur la rivière Chicago à la Halsted-Street (Chicago)

(Planches 39 à 43),

M. Waddell qui le premier en Amérique avait eut l'idée du pont à soulèvement avait présenté il y a quelques années un projet de pont mobile se relevant à diverses hauteurs pour le canal de Duluth, très analogue à celui de la Halsted Street, que nous allons décrire, tant au point de vue de la construction que des manœuvres nécessaires, mais pour diverses raisons ce projet avait été abandonné.

Le problème qui se posait à la rivière de Chicago était très sensiblement le même que celui à la Tamise à Londres. Il fallait donner passage aux plus hautes màtures et obstruer le moins possible le cours d'eau et les rives. Nous avons discuté au début de cet ouvrage, au chapitre premier, les différents moyens qui pouvaient être théoriquement employés.

L'idée primitive sur laquelle est basée le pont à soulèvement est la suppression de la pile centrale du pont tournant, à l'effet de pouvoir utiliser des docks placés dans le voisinage immédiat de l'ouvrage d'art. Il suffit pour cela de pouvoir lever le pont, dans chaque cas particulier de la quantité strictement nécessaire au passage du navire, afin de laisser la plus grande facilité possible à la circulation. Le pont de la Halsted Street peut se lever à la hauteur libre maximum de 47^m,24 au-dessus du niveau de l'eau, en moins d'une minute; et à l'aide d'une seule machine. La durée de la manœuvre est donc moindre que celle d'un pont tournant, et le plus souvent il n'est pas utile d'atteindre cette hauteur.

La question architecturale qui cependant aurait pu être assez facilement traitée, n'a pas semblé de beaucoup de poids pour les constructeurs. Tout autre est le pont de la Tour à Londres. Pour terminer la comparaison de ces deux ouvrages, nous ajouterons que ce dernier mesure 60^m,96 de largeur, et 42^m,28 seulement de hauteur libre au-dessus de l'eau. Le pont de fer Halsted Street mesure 39^m,623 d'axe en axe des tourillons extrêmes et 47^m,24 de hauteur libre. Cette dernière hauteur exigée par le département de la Guerre a beaucoup retardé la construction du pont, prévu seulement par la ville de Chicago à 42^m,67 comme au projet présenté pour le canal du Duluth, au préjudice momentané des trafics des deux rives, l'ancien pont tournant ayant été si maltraité par un navire qu'il avait dû être retiré, les piétons seuls pouvaient passer sur le pont en bois, avec travée tournante en bois également.

Le pont est biais à 23°, l'ouverture droite entre parement des piles culées est de 27^m,803 seulement, les caissons faisant un angle avec l'axe du courant. Ceux-ci reposent directement sur le roc, évitant ainsi tout danger de dénivellation. On avait eu l'intention, en partie exécutée tout d'abord, de battre des pieux jusqu'au roc, comme l'indique la figure 2, et de recouvrir ce pilotis, de quatre assises ou plancher en bois jointif de 30 × 30 sur lesquelles la maçonnerie serait construite. Ce travail a dû être interrompu, la nature semi-fluide du terrain au-dessus du roc, n'ayant pas été propre à maintenir convenablement les pieux ; d'autre part, le lit de roc a été trouvé plus près de la surface qu'on ne l'avait supposé tout d'abord.

Le pont proprement dit mesure comme il a été dit ci-dessus, une longueur de 39^m,623 d'axe en axe des tourillons extrêmes, la hauteur des poutres principales est de 7^m,010, celles-ci sont représentés en détail par les figures 5 et suivantes, planche n° 40. C'est le type ordinaire américain à articulations. La membrure supérieure en forme de caisson est formée de :

2 âmes de 381 × 15,
4 Cornières de 76 × 64 à 28^k,80 le mètre courant,
1 plate-bande 584 × 9,5 ou un treillis en N de 64 × 11.

La membrure inférieure est composée de fers plats de 127 millimètres et d'épaisseur variable. Les montants comprennent deux fers en Ϲ de 254 millimètres de hauteur à 89^k,40 le mètre courant. Les diagonales sont les unes en plats de 127 millimètres, les autres en fer carré, ces dernières sont munies de manchons tendeurs.

La largeur totale du pont qui est de 16^m,866 à l'intérieur des mains

courantes se décompose en une chaussée de 10^m,364 et deux trottoirs
de chacun 3^m,251 de largeur, la distance d'axe en axe des poutres principales étant de 12^m,192. Celles-ci qui sont en acier sont calculées en
vue de supporter en outre de leur poids propre et du poids de la chaussée, trottoirs... estimé à 5.960 kilogrammes par mètre courant, une surcharge de 6.660 kilogrammes également par mètre courant.

Les poutrelles, composées d'une âme de 9,5 millimètres d'épaisseur,
et de quatre cours de cornières de 152 × 152 à 89^k,40 le mètre courant,
sont calculées pour résister au passage d'une surcharge formée par un
rouleau de 11 tonnes placé dans l'axe, ces 11 tonnes étant uniformément réparties sur une longueur de 1^m,828.

Les trottoirs qui sont en planches jointives de 5 centimètres d'épaisseur reposant sur des longerons en bois de 30 × 7, doivent résister à
une surcharge de 488 kilogrammes par mètre carré. Ils sont disposés en
partie en encorbellement, et les âmes des consoles qui les supportent
n'ont pas moins de 2^m,845, si on les compte depuis l'axe de la poutre
principale.

Le contreventement latéral inférieur, en fers cornières, est fixé aux
ailes inférieures des longerons sous chaussées, en fer ⊥ de 381 millimètres, ainsi que le représente la figure 29. On remarquera également le
mode d'attache sur les poutres principales (fig. 30 et 31). La pression
du vent admise dans les calculs a été de 147 kilogrammes par mètre
carré sur les surfaces exposées, poutres principales et pylônes. L'ensemble qui a résisté à un orage pendant lequel la vitesse du vent s'est
élevée un instant à 148 kilomètres présente certainement une grande
rigidité, encore faut-il remarquer que lors de cette tempête l'ouvrage
n'était pas complètement terminé.

La figure 25 représente un détail assez intéressant, cette vue indique
clairement le moyen employé pour la réunion des consoles en encorbellement aux poutrelles correspondantes. Les autres figures des
planches n° 39 à 42 indiquent les détails de construction du pont.

Nous étudierons maintenant les dispositifs permettant la manœuvre
du pont proprement dit, et qui sont des plus intéressants. Ils sont représentés sur les planches n°s 41 et 42.

M. Waddell avait prévu des manœuvres entièrement électriques.
L'adjudication du 31 décembre 1892 avait alloué la construction totale à
la Pittsburg Bridge Company, et celle-ci avait confié les appareils de
manœuvre à la compagnie Hale Elevator de Chicago, sous garantie de

bon fonctionnement. Cette dernière Société a préféré l'emploi de la vapeur à celle de l'électricité.

On a dû tenir compte dans l'évaluation du travail à fournir par les machines motrices non seulement des frottements et de l'inertie des masses en mouvement mais encore d'une surcharge accidentelle de voyageurs, et ce qui est bien plus important d'une surcharge possible de neige et d'eau, quoique pratiquement le pont soit tenu en parfait état. Théoriquement il n'est permis à aucune personne étrangère au service strictement nécessaire de la machinerie de demeurer sur la travée pendant son mouvement d'ascension, mais on a cependant prévu la présence d'une tonne de voyageurs ; sans que pour cette raison la vitesse se réduise au-dessous de la normale.

A l'effet de demander aux machines motrices le minimum possible de force, on a disposé pour contrebalancer les surcharges accidentelles plusieurs soutes à eau, qui étant remplies au sommet des pylônes, au moyen de pompes actionnées à la machinerie, font office de lest et favorisent la montée de la travée.

La transmission de mouvement de l'arbre moteur, qui tourne à raison de 240 tours par minute, aux tambours supérieurs est faite par l'intermédiaire de câbles en acier de 22 millimètres de diamètre. Ces câbles au nombre de 16, sont fixés solidement d'une part aux extrémités du pont, d'autre part aux tambours mêmes. Il en résulte que ceux-ci tournant dans une direction font monter le pont, et dans la direction opposée le font descendre. Le poids approximatif à soulever est de 250 tonnes, les contrepoids comme nous l'avons dit ci-dessus, pèse donc 250 tonnes. Le poids des câbles et celui des chaines qui les contrebalancent étant de 18 tonnes, la charge totale mise en mouvement est de 518 tonnes.

La machinerie représentée figures 2 et 42 comprend deux moteurs verticaux de 70 chevaux chacun. La vapeur leur est fournie par deux chaudières de 1^m,829 de diamètre et de 6^m,096 de longueur.

8 poulies E sont supportées à une hauteur de 6 mètres environ au-dessus du niveau de l'eau par des pylônes reliés à leur partie supérieure par deux poutres légères en N avec panneau central en croix de Saint-André. Ces poulies ont 3^m,658 de diamètre.

Trente-deux câbles d'acier de 38 millimètres de diamètre sont solidement fixés d'une part aux extrémités de la travée à soulever, et d'autre part portent des systèmes de contrepoids faisant exactement équilibre au poids de cette travée. Ces câbles sont compensés par des chaines en fonte (fig. 51, 52) dont le système d'attache est tel que la charge se répartit d'une manière absolument uniforme.

Les figures 46 et 47 indiquent les diagrammes d'enroulement pendant la montée et la descente sans qu'il soit besoin de commentaires.

Un registre coupe-circuit de vapeur, fonctionnant automatiquement, prévient l'action continue de la force motrice, quand la travée, à fin d'ascension vient buter contre des tampons à liquide glycérique, amortisseurs de choc. Des tampons identiques sont prévus à fin de descente. Ils peuvent anéantir le choc de la masse en mouvement animée d'une vitesse de $1^m,22$ par seconde, vitesse double de celle normale, et limite supérieure permise par le régulateur automatique de vitesse.

Les tampons supérieurs sont fixés sur l'ossature métallique de plates-formes en bois, près les pylônes. Ces plates-formes, qui servent en temps normal à la simple manipulation des leviers de manœuvre, ont supporté les contrepoids avant que le pont soit mis en place définitive, et les supporteraient encore en cas d'accidents aux tambours.

Les chemins de roulement des galets servant au mouvement ascentionnel du pont sont indiqués par les figures 4, 8, 9, 10 et 11. Ces galets sont portés par des prolongements des membrures supérieures et inférieures, pièces de moindre résistance qui se briseraient les premières à la suite d'un choc trop violent produit par un vaisseau, évitant ainsi de plus grands dommages. Quand le vent n'agit pas, ou presque pas, les galets transversaux ne sont pas appliqués contre leurs chemins de roulement, mais de tout temps les galets longitudinaux sont pressés par des ressorts contre ces chemins, un tel dispositif est nécessaire pour la libre dilatation des poutres principales.

Le mécanisme de manœuvre est d'une très grande simplicité, et peu susceptible par ce fait même de grand entretien ; il est toujours prêt à fonctionner. Nous avons vu ci-dessus que la machinerie était double, mais une seule machine a la force suffisante pour élever la travée à sa hauteur maximum, à la vitesse normale de $0^m,610$ par seconde. Admettant même des réparations simultanées à ces deux machines, ce qui est bien peu probable, le pont peut être élevé à bras d'hommes, son ascension est alors facilitée par le retrait de l'eau des caisses à lest, et pour le faire descendre sans l'aide de la machinerie il suffit d'élever à nouveau de l'eau dans ces caisses.

Les seuls accidents qui arrêteraient complètement le service du pont sont la rupture des tambours ou celle des câbles des contrepoids. En ce qui concerne ces derniers, le coefficient de sécurité est élevé à 12, de plus le grand diamètre des tambours leur permet une durée des plus considérables, grâce au peu d'usure produit par le frottement. Quant aux tambours, dont la construction est représentée par la figure 54, ils offrent une résistance peu commune, ils sont en plats et cornières en acier convenablement disposés, la seule partie en fer étant les cannelures guides des câbles. Les arbres sur lesquels sont clavetés ces tambours ont un diamètre de 305 millimètres et reposent sur de très longs paliers abaissant la pression sur les coussinets à $0^k,42$ par millimètre carré de surface.

Une aussi faible pression assure un fonctionnement ininterrompu, de plus la lubrification de ces paliers étant faite à la fois par du graphite et par de l'huile il n'existe aucune chance de frottement à sec.

Nous ajouterons en terminant, qu'une fois le pont descendu et ouvert à la circulation, une excellente mesure de sécurité consisterait à alléger les contrepoids d'une charge telle que la puissance motrice d'un des moteurs soit complètement annihilée.

Pont à transbordeur entre Portugalete et Las Arenas à l'embouchure du Nervion (Espagne)

(Planche 43).

Au chapitre Ier, examinant les systèmes qui pouvaient être comparés, comme puissance et solidité, avec le pont à soulèvement, nous citions les deux types du pont-levis et du pont à transbordeur, dont les plus beaux exemples actuels sont le Tower Bridge à Londres, et le pont à transbordeur récemment exécuté à l'embouchure du Nervion (Espagne) par M. Arnodin, ingénieur-constructeur à Châteauneuf-sur-Loire (Loiret). Ce dernier pont n'étant point situé dans une grande ville, n'est pas aussi connu que celui de Londres, nous en donnerons donc une notice descriptive, ainsi que la vue perspective prise du côté de la mer (planche 43). La même planche représente un châssis mobile analogue à celui dont il sera parlé plus loin.

La distance à franchir de quai à quai est de 160 mètres.

La hauteur exigée par l'Amirauté espagnole, au-dessus de la plus haute mer équinoxiale, est de 45 mètres.

Le transbordeur en charge complète pèse 40 tonnes.

La traversée s'effectue en une minute, le cahier des charges avait prévu quatre minutes.

Le transbordeur a 8 mètres de longueur sur 6^m,25 de largeur. Il comprend une voie charretière au centre pour les voitures et les bestiaux, et de chaque côté des trottoirs couverts et garnis de bans pour les piétons.

Il peut contenir 150 personnes à l'aise. — L'embarquement et le débarquement, ayant lieu de plain-pied et par de larges ouvertures, peuvent s'opérer en une minute pour le chargement complet.

Cette plate-forme est portée par 18 câbles — 9 sur chaque tête — réunis par groupes de 3 au même point d'attache, dont 2 porteurs et 1 diagonal pour contreventement, de telle sorte que si l'un d'eux vient à se rompre par une circonstance imprévue, bien qu'improbable, le point auquel il correspond à la plate-forme reste quand même soutenu par les deux voisins du même groupe et le service peut se continuer sans encombre.

Au sommet, l'attache de ces 18 câbles correspond à 18 jeux de 2 galets dont les axes sont reliés au châssis mobile par une chape à garniture de bronze formant coussinet. — L'ensemble de l'appareil est ainsi porté par 36 galets en acier coulé de 350 millimètres de diamètre roulant sur des rails à champignon de 10 kilogrammes le mètre, portés par les cornières des poutres porte-rails.

Le mouvement est produit par un câble funiculaire, mû par un treuil réversible à friction placé au premier étage du pylône de la rive droite, et de telle sorte que le mécanicien manœuvrant ce treuil puisse bien apprécier le mouvement des navires sur la rivière qu'il domine et sur laquelle il voit clairement.

Le treuil est accouplé directement par un joint Raffart à une machine à vapeur verticale à 2 cylindres égaux, produisant sur l'arbre moteur une puissance de 25 chevaux nominaux à la vitesse de 300 tours à la minute et à la pression de 6 kilogrammes. Cette machine, d'un petit volume et d'une parfaite obéissance, a été construite par la maison Boulet de Paris.

La puissance de 25 chevaux est de beaucoup supérieure à celle nécessaire au mouvement ordinaire qui absorbe à peine 5 chevaux, y compris la force perdue dans les frottements des cordes et des nombreuses poulies qu'elles mettent en mouvement. Mais, en dehors de la traction du transbordeur, la machine doit répondre à des services accessoires, monte-charbon, approvisionnement de l'eau et production éventuelle de lumière électrique.

Le tablier est porté par 8 câbles paraboliques en fils d'acier, 4 sur chaque tête, ayant 2.197 millimètres carrés de section, et par 32 câbles obliques, soit 8 par groupe, possédant 423 et 677 millimètres carrés de section, suivant leur degré d'inclinaison.

Ces câbles s'assemblent, au sommet de chaque pilier, sur un goujon de réunion générale porté par un chariot de dilatation qui assure à toute la suspension la liberté de ses mouvements.

La réaction est fournie à ce chariot par 5 câbles dits de retenue, allant du goujon de réunion générale aux massifs d'amarrage en maçonnerie, situés dans des propriétés particulières qui en ont cédé l'emplacement moyennant une petite rétribution.

Tous ces câbles sont assemblés suivant les principes de l'*amovibilité*, de façon à pouvoir, dans l'avenir, être remplacés lorsque le besoin s'en fera sentir, sans être pour cela obligé de suspendre l'exploitation ou de recourir à des démolitions ou des manœuvres coûteuses et compromettantes pour la sécurité de l'ouvrage.

Le fil qui les compose est d'acier doux, d'une résistance absolue de 90 kilogrammes par millimètre carré ; il a été produit par les Tréfileries de Firminy. La mise en câble à torsions alternatives suivant le procédé *Arnodin* a été faite par les ateliers de ce dernier.

Le tablier est — comme la suspension — à dilatation libre, c'est-à-dire qu'il ne porte sur les pylônes que par l'intermédiaire d'un appareil de roulement.

Les réactions nécessaires à la poutre raidissante, ainsi que celles demandées par les câbles obliques en cas d'inégalités de charge d'une tête à l'autre, sont empruntées aux massifs d'amarrage par l'intermédiaire de câbles allant de ces massifs aux extrémités du tablier.

Les pylônes étant implantés sur les quais qui servent de promenoirs aux nombreux baigneurs qui fréquentent les plages de Portugalete et Las Arenas, il a fallu réduire autant que possible leur base pour ne pas gêner les promeneurs, et — pour des raisons d'esthétique — les composer par 8 arêtiers auxquels on s'est appliqué à donner un cachet de grande légèreté. Aussi, pour leur assurer la stabilité nécessaire pour résister à une pression hypothétique du vent de 275 kilogrammes par mètre superficiel de surface directement exposée, on a été amené à les haubaner sur chaque tête par 2 câbles parallèles à la rivière, amarrés du haut aux pylônes à hauteur de tablier et en bas dans des massifs en maçonnerie dissimulés sous le pavage des promenoirs.

Les fondations qui portent le pied des arêtiers sont de diverses natures, suivant la disposition des lieux et du sous-sol. — C'est ainsi que les pieds sur rivière du côté de Portugalete sont appuyés directement sur l'ancien mur de quai préalablement reconstruit dans sa partie supérieure pour simuler la forme de pilier. Les 4 piliers arrière de la même rive, dont l'emplacement est en dehors de l'épaisseur du mur de quai, ont été descendus au-dessous des basses mers à l'aide d'épuisements et de coffrages en bois remplis ensuite de béton.

Du côté de Las Arenas, les 4 piliers sur rivière sont établis sur pilotis enfoncés au refus dans le sable marin consistant du sous-sol jusqu'à 4 mètres au-dessous des basses mers. Les 4 piliers arrière sont également sur pilotis arasés au niveau de l'eau d'infiltration, puis maçonnés dans un coffrage métallique montant de basse mer jusqu'au niveau du sol.

Tous ces piliers sont garnis à leur sommet d'un couronnement en pierre de taille dure, comportant au centre une cavité remplie de sable tamisé sur lequel porte la plaque métallique de la base de l'arêtier, qui se trouve ainsi dans une situation analogue à celle d'un piston de boîte à sable pour décintrement, ·

Cette disposition à été prise dans la prévision qu'une régularisation ultérieure de l'aplomb du pylône serait nécessaire. Mais l'implantation et le montage se sont trouvés si exactement exécutés qu'il n'y a pas eu besoin de recourir à cet expédient pour obtenir cette régularisation après coup.

Les arêtiers métalliques sont au nombre de 8 par pylône, groupés 4 par 4 et rendus solidaires par un croisillonnement pour former chaque tête, lesquelles sont réunies l'une à l'autre par une arcade intermédiaire et une au sommet, puis par une poutre droite à la hauteur du tablier.

Ces arêtiers sont composés de 4 cornières des $150 \times 150 \times 11$ millimètres rivées dos à dos avec plat de 11 millimètres d'épaisseur intercalaire, de façon à former une section cruciforme. Ces cornières pèsent 24 kilogrammes le mètre et, dans les étages intermédiaires, elles ont 13 mètres de longueur, avec un laminage d'une rare perfection ; elles ont été tirées des laminoirs du Creusot.

L'exécution de la partie métallique a eu lieu au moment de la rupture du traité de commerce entre la France et l'Espagne. On a donc exécuté dans les ateliers de Châteauneuf-sur-Loire (France) toute la partie susceptible d'entrer avant l'augmentation des droits de douane et toutes celles qui — pour des raisons de qualité, de matière première ou de spécialité de fabrication — ne pouvaient se trouver en Espagne telles que les câbles et les aciers de haute résistance pour les pièces de traction qui fournissent une résistance absolue de 60 kilogrammes par millimètre carré, avec 22 % d'allongement.

Quant à l'autre partie comprenant le tablier, elle a été exécutée dans les ateliers de Zorroza près Bilbao, avec du métal tiré pour la plus forte partie des laminoirs Altos-Hornos. Ce métal, acier doux, fournit une résistance absolue de 44 kilogrammes par millimètre carré, avec 24 % d'allongement; le travail maximum qui lui est demandé n'excède pas 10 kilogrammes par millimètre carré.

Le montage de l'ensemble a été dirigé par M. Gory. Il a été effectué avec une précision remarquable et si heureusement, que la navigation si active du Nervion (environ 4 millions de tonnes annuellement) n'a subi de ce fait aucune minute d'interruption et qu'aucun accident de personne ne s'est produit, bien que, du côté de Portugalete notamment, il y ait eu certains jours plus de 15.000 promeneurs passant sous le pylône.

Aux essais, la plate-forme mobile a été immédiatement chargée d'un poids de 27 tonnes ce qui, avec le poids mort, forme un total de 40 tonnes. La flèche maximum constatée a été de $0^m,13$ seulement, à des vitesses diverses. La plus grande avance qu'on ait remarquée dans le chariot de dilatation du pilier métallique des Arenas ne dépassait pas 19 millimètres, et dans celui de Portugalete 13 millimètres.

Les études techniques et dispositions d'exécution sont l'œuvre conjointe de MM. Arnodin et de Palacio. Les conditions de stabilité ont été vérifiées par M. Brüll.

Nous ferons remarquer en terminant que le mouvement de tangage communiqué par le vent à la plate-forme ou transbordeur, n'a même, par violente bourrasque, empêché la circulation ni provoqué sur le tablier supérieur aucun mouvement gênant pour le roulement.

Nous avons expliqué, au début de cet ouvrage, de quelle application est susceptible ce système comme « porte trains » reliant deux lignes de chemin de fer situées de part et d'autre d'un cours d'eau.

Les " ferry-boats " de la Compagnie Toledo, Ann Arbor
et North Michigan
et leurs terminus à Frankfort et Kewaunee sur le lac Michigan
(Planches 44-45-46).

En Amérique, on appelle « ferry-boat » un navire spécialement aménagé en vue du transport des wagons chargés de marchandises d'une rive à l'autre d'une large rivière, d'un grand lac ou d'une passe maritime. Ces steamers, relativement nombreux aux États-Unis, ne sont pas pour la plupart, établis dans de très bonnes conditions de navigabilité. Il est vrai que la faible distance, 2 ou 3 kilomètres au plus, qu'ils ont à franchir, diminue beaucoup l'importance de cet inconvénient. Nous en avons déjà parlé dans la partie de l'ouvrage réservée aux chemins de fer.

D'une toute autre construction sont les « ferry-boats » à l'embouchure de la rivière Chesapeake, qui font une traversée de 56 kilomètres dans la baie de ce nom, et ceux tout dernièrement mis en service courant entre Frankfort et Kewaunee, villes éloignées de 100 kilomètres l'une de l'autre, et placées sur les deux rives du lac Michigan.

Rien de semblable n'existe sur le continent. Aussi nous a-t-il paru d'un très grand intérêt d'étudier en détail non seulement les terminus extrêmes mais encore en quelques lignes, l'aménagement intérieur des navires transbordeurs Nous avons donc choisi pour cette étude les « ferry-boats » de la Compagnie Toledo, Ann Arbor et North Michigan, qui sont à la fois les plus importants et les plus récents.

La place des ferry-boats, navires transbordeurs, nous paraît dans cette « Revue » toute indiquée à la suite des ponts à transbordeur.

Cette compagnie de chemins de fer s'étend depuis Toledo, dans la province d'Ohio, jusqu'à Frankfort, sur les bords du lac Michigan, et présente une longueur totale de voies d'environ 500 kilomètres. C'est une ligne essentiellement alimentée par le service des marchandises, ayant des gares communes avec plus de vingt réseaux se ramifiant jusqu'aux extrémités de tous les États de la République. Elle traverse à la fois des districts très riches en bois de construction — particulièrement cette partie nord de la presqu'île au sud du Michigan, dont les ressources peuvent être seules bien jugées par ceux qui l'ont traversée — d'autres où le sol est prodigue de produits naturels, enfin de puissantes cités manufacturières. Le trafic des voyageurs, quoique rémunérateur, n'est ici que d'une importance secondaire.

Le transport des bois constituant la plus grande source de bénéfices pour la compagnie, celle-ci a été conduite par le fait même de ce commerce purement local, qui forcément ira toujours en déclinant, à rechercher d'autres transports, moins rémunérateurs peut-être, mais d'une continuité plus assurée, et a dirigé tous ses efforts pour attirer vers elle les productions des territoires et des cités Saint-Paul Minneapolis et Duluth, presque exclusivement à destination de l'est.

De là, en 1892, de nombreux arrangements avec les compagnies de chemins de fer, Frankfort and Southeastern Railway, Green Bay, Winona et Saint-Paul Railway, Grand Trunk and Delaware, Lackawanna and Western Railway, Winona Atlantic Railway, etc., etc. De là également la nécessité de traverser d'une façon quelconque le lac Michigan. L'emploi des navires ordinaires, nécessitant des chargements et déchargements longs et dispendieux ayant été rejeté *a priori*, la solution par les « ferry-boats » décrits ci-après a été adoptée, malgré les grandes distances à parcourir sur le lac.

Les pentes et l'alignement du terminus de Frankfort ont été modifiés dès mai 1892, la signature des contrats déterminant le choix et la construction des transbordeurs remonte à la même époque, mais ce n'est en réalité qu'au mois de septembre de la même année que fut commencée l'exécution des travaux proprement dits. Dès les premiers pieux battus, le travail fut poussé avec la plus grande rapidité possible quoique avec des interruptions forcées dues à des vents violents et des tempêtes sur le lac, empêchant tout travail.

Les plans des terminus et des fondations du pont-levis, décrits ci-après, sont dus à M. Torrey, ingénieur en chef de la Compagnie du Michigan Central Railway, et ingénieur-conseil de l'entreprise. Un de ces terminus est représenté en ensemble et détail, figure 1, planches n° 44-45.

La courbure intérieure de la ligne D'DF épouse exactement celle du bâtiment, cette courbe est pratiquement formée par deux rangs de pieux battus, disposés par paire, moisés par trois séries de bastaings composés, dont les dimensions sont indiquées sur les dessins. La poussée produite par le navire est contrebutée par trois lignes de pieux disposés en arrière suivant la normale et trois par trois. Ces pieux sont réunis à leur extrémité supérieure par de forts madriers en 30×30, de $3^m,486$ de longueur, dont l'extrémité est au niveau et à $0^m,152$ de l'entretoisement inférieur des pieux de la forme. Celle-ci possède donc un jeu possible de 0ᵐ,152.

A l'extrémité de chargement du terminus, il convenait de réduire au minimum possible le mouvement latéral du navire. A cet effet des fourrures en chêne de 9ᵐ,14 × 0ᵐ,152 sont boulonnées à l'entretoisement intérieur des pieux, remplissant donc les 0ᵐ,152 de jeu à une de leurs extrémités.

Quant aux dessins de détail du terminus, ils ne demandent aucune explication.

Le battage des pieux a nécessité un soin tout particulier, vu l'importance d'épouser très exactement la forme du navire. Une ligne temporaire de pieux, réunis à leur partie supérieure par des madriers de 30 × 20, fut battue dans l'axe longitudinal de l'emplacement du navire, pour servir comme base dans les opérations ultérieures. Les divers points ont été repérés par rapport à quatre lignes parallèles à l'axe longitudinal, à des distances de 10ᵐ,972, 26ᵐ,212, 41ᵐ,452, 56ᵐ,692.

Les sonnettes étaient portées par des chalands, les moutons étaient guidés sur une longueur de 16ᵐ,764, leur poids était de 12.700 kilogrammes. La nature du sol, formé par une argile blanche très compacte parsemée de tronçons d'anciens pieux a causé d'assez grandes difficultés dans le battage. Malgré tout cela, il n'y a pas eu de déplacement de pieux à effectuer, et grâce à l'emploi de chapeaux mobiles, aucune fissure importante n'a été à déplorer.

Le fond du port a nécessité quelques changements à la disposition prévue représentée par la figure 1, les pieux les plus éloignés du rivage traversant une grande hauteur de terrain boueux, sans consistance, ont dû être portés de 13ᵐ,72 à 21ᵐ,34 et l'entretoisement diagonal des files de contrebutée a dû être continué non seulement sur les 21ᵐ,95 indiqués au dessin, mais sur toute la longueur de la forme.

Les pieux de 21ᵐ,34 sont en pin de Michigan, ceux de 13ᵐ,72 sont les uns en chêne, les autres en ormeau. Les pièces d'entretoisement horizontal en 20 × 8, ainsi que les bois jointifs verticaux en 25 × 15 sur lesquels appuie directement le navire sont en chêne blanc. L'entretoisement diagonal des pieux de contrebutée est entièrement en ormeau.

Les boulons et prisonniers sont en fer de 25, 29 et 32 millimètres de diamètre.

Les fondations de l'échafaudage et l'échafaudage même supportant les balanciers, représenté figure 9, planche 44, sont dessinés figure 2, planche 45. La figure 3 de la même planche indique les fondations du pont. Ces dernières sont en pin et en chêne blanc. Tout le bois employé a l'échafaudage des balanciers est en pin blanc, à l'exception des quatre madriers supérieurs qui sont en chêne blanc. Le chêne et l'ormeau ont été concurremment employés pour les planches de 5 centimètres.

La mise en place de tous les pieux, entretoisements, pylônes..., a été dirigée par M. James Turnbull et exécutée par les ouvriers de la compagnie Toledo, Ann Arbor et North Michigan Railway.

Le pont-levis métallique est l'œuvre de la Toledo Bridge Company, les dessins sont dus à M. C.-L. Gates, ingénieur en chef de cette Société. Ce pont est représenté sur les figures 4 à 11, planches n°s 44 et 45, sa longueur totale est de 15^m,55, sa largeur mesurée d'axe en axe des poutres de rive est de 8^m,534, il supporte quatre voies ferrées.

Les poutres principales, au nombre de cinq, sont distantes entre elles de 1^m,676, largeur mesurée d'axe en axe, et sont solidement entretoisées par la poutrelle transversale à âme pleine, dessinée figure 5 planche 45, et les poutrelles partielles en treillis de la figure 6. Les poutres sont représentées en détail sur la figure 4, et se composent d'une âme de 10 millimètres d'épaisseur ayant 1^m,359 à la partie centrale, 0^m,305 à l'extrémité côté navire, 0^m,711 à l'extrémité côté sol et quatre cours de cornières longitudinales de 132 × 102; il n'y a que deux plates-bandes, l'une supérieure, l'autre inférieure, en 330 × 13.

La poutrelle transversale à âme pleine est composée d'une âme de 1^m,321 × 10, de deux cornières inférieures en 127 × 76, de deux cornières supérieures en 102 × 76 rivées à une plate-bande de 254 × 10 de toute longueur (8^m,522).

Le dispositif de manœuvre du pont-levis est indiqué par la figure 9 de la planche 44. Des pylônes placés près la partie du pont regardant le navire supportent, comme il a été dit plus haut deux balanciers dont les dessins de détail sont donnés par la figure 10. Ces balanciers, par l'intermédiaire de tiges rondes de 44 millimètres de diamètre et de la poutrelle longitudinale du pont, supportent le pont lui-même à l'extrémité de leurs plus petites volées (1^m,829).

Aux autres volées sont suspendus deux contrepoids, qui malgré leur bras de levier double (3^m,658) ont une action insuffisante pour faire équilibre au poids du pont non chargé. A la partie inférieure de chacun de ces contrepoids est un câble passant sous une poulie de renvoi qui le dirige horizontalement vers l'arbre moteur situé près le pivot. La transmission du mouvement est clairement indiquée sur, les dessins. L'inclinaison de l'axe des poutres-balanciers sur celui du pont a seulement pour effet de dégager plus sûrement le contrepoids de l'ossature métallique.

La grande masse du navire, — dont le poids dépasse 1.000 tonnes — comparativement à celle du pont-levis, aurait eu pour effet immédiat de démolir d'un seul choc ce dernier si l'on n'avait prévu un dispositif élastique, indiqué sur la figure 9 et dessiné en détail sur la figure 13. Une inclinaison défavorable du pont-levis jointe à un choc arrière du navire occasionnerait en comprimant les ressorts un déplacement supérieur à 15 centimètres : il est donc impossible d'interrompre la voie sur une telle longueur entre les extrémités du pont et du navire. Il ne faut pas non plus perdre de .vue par le fait du non-parallélisme des voies à l'extrémité du pont-levis et de l'axe longitudinal commun au pont et au navire.

La figure 12 planche 45 représente l'appareil adopté par M. A. Torrey pour assurer la continuité de la voie. Le dispositif est, à peu de chose près, celui employé il y a quelques années par la compagnie du Michigan Central Railway à Mackinaw (Michigan). Il se compose de deux appareils B fixés sur le pont, et de deux autres — A — mobiles autour d'un axe A A. Chaque appareil A se replie sur la partie B correspondante où des rainures sont aménagées pour recevoir ses diverses parties. La simple inspection de la figure suffit à en saisir tous les détails.

Nous avons dit au début de cette étude que la distance de 100 kilomètres à franchir entre Frankfort et Kenauwee rendait le choix et la construction des navires de la plus grande importance. De plus, pendant les mois d'hiver le lac Michigan est souvent gelé, la glace ayant une épaisseur de plusieurs pieds. Une très grande puissance est donc nécessaire au « ferry-boat » pour résister convenablement non seulement aux chocs produits par les glaçons, mais encore à la pression énorme que la coque aurait à supporter s'il se trouvait emprisonné par les glaces.

Les steamers ont été construits par la compagnie Craig Ship Building de Toledo (Ohio), sur les plans du capitaine J. Craig, de cette compagnie. Les deux premiers navires construits l'*Ann Arbor* n° *1* et l'*Ann Arbor* n° *2* sont des navires jumeaux. L'*Ann Arbor* n° *1* est représenté figure 3, prêt à être lancé. Une coupe transversale du même « ferry-boat » est dessinée figure 2 et s'applique identiquement à l'*Ann Arbor* n° *2*. Les dimensions principales de ce navire sont :

Longueur entre perpendiculaires extrêmes.   .   .   .   81^m,880
Largeur au maître couple. .   .   .   .   15 ,849
Hauteur. .   .   .   .   5 ,638

Le tirant d'eau de ces steamers est d'environ 3^m,914 et leur déplacement de 2.550 tonneaux. En vue de résister à la pression produite par un emprisonnement, de fortes poutres sont placées à la ligne d'eau du navire, celui-ci est renforcé longitudinalement par une poutre maitresse d'acier, et un système diagonal également en acier. Les parois extérieures du navire sont formées par un bordé de chêne de 0^m,127 d'épaisseur, recouvert de 3 tôles d'acier d'une épaisseur totale de 0^m,406, s'étendant sur une hauteur de 1^m,219 au-dessus et au-dessous de la ligne de flottaison. L'étrave du steamer est également recouverte de tôle d'acier jusqu'à la quille,

Le « ferry-boat » est destiné plutôt à monter sur la glace et à l'écraser qu'à la traverser, Dans ce but la quille présente une tonture s'étendant jusqu'à l'hélice même.

Les hélices sont au nombre de trois ; elles sont mises en mouvement par trois séries de machines compound dont les cylindres ont 0^m,508 et 1^m,016 de diamètre, et dont la course des pistons est de 0^m,914. Deux de ces machines sont à l'arrière du bâtiment, la troisième est à l'avant. Les machines arrière commandent les deux hélices jumelles par l'intermédiaire de deux arbres de couches indépendants. L'hélice d'avant est particulièrement robuste; elle est destinée à faire le chemin en brisant la glace, l'écrasant et la refoulant au-dessous du navire. Cette hélice est représentée sur la figure 1 planche 46.

Les quatre chaudières alimentant les machines sont disposées deux à l'avant, deux à l'arrière, et les conduits de vapeur de chacune d'elles sont doubles. Une machine quelconque peut être alimentée par une quelconque des chaudières. Le diamètre des chaudières d'arrière est de 3^m,200, leur longueur, commune avec la longueur des chaudières d'avant, est de 4^m,572; ces dernières ont seulement 1^m,980 de diamètre la pression de la vapeur est de 8,80 kilogrammes par centimètre carré. La force de chaque machine, relevée d'après les diagrammes des indicateurs, est de 610 chevaux à 86 tours.

Les steamers sont pourvus des appareils les plus perfectionnés. Le gouvernail, les treuils et cabestans sont mus par la vapeur, la lumière électrique est répandue partout. Un surcroit de sécurité est donné par la présence d'un projecteur électrique de grande puissance.

L'entrepont réservé aux wagons est à quatre voies et peut contenir vingt-quatre voitures. Deux entretoises, clavetées sur les montants, sont placées de part et d'autre de chaque wagon. Le châssis de celui-ci porte quatre chaînes qui s'accrochent sur des tirants d'attache fixés au pont

L'*Ann Arbor* n° *2* a quitté Frankfort le 24 décembre 1892, au milieu d'une couche de glace de 20 à 25 centimètres d'épaisseur, le lac était complètement gelé, et dans le détroit de Mackinaw le « ferry-boat » a traversé un banc de glaces accumulées, d'une épaisseur totale de $1^m,20$. Cette traversée semble prouver qu'en service courant rien ne peut arrêter la marche du steamer. Le même navire a dans une autre occasion accompli le voyage aller et retour en 14 heures et demie, par un mauvais temps, au milieu de glaçons et de glace. Enfin, l'*Ann Arbor* n° *1* marchant à pleine vitesse s'est mis à la côte par un orage épouvantable, les eaux ont passé pendant une semaine par dessus le pont, nul remorqueur ne pouvant atteindre le steamer en détresse. Quand l'orage eut cessé, il ne fallut pas moins de la puissance combinée de cinq remorqueurs, aidés par les machines du navire tournant à 110 tours pour le dégager. Nulle fatigue de la coque n'a été à déplorer et le steamer a pu continuer directement sa route.

Les navires du type *Ann Arbor* sont rangés, en cas d'hostilités, par le département de la guerre des Etats-Unis, parmi les types de première classe pour la défense des côtes. Les œuvres supérieures seraient supprimées, deux tourelles installées sur le pont, et le tirant d'eau porté de $3^m,60$ à $4^m,50$. Ces navires seraient bien plus rapidement et efficacement transformés que les autres steamers en service sur les grands lacs, car le pont est suffisamment robuste pour exiger peu de renforcements en vue de supporter le tir des pièces de gros calibre.

Malgré le coût de ces bâtiments la compagnie « Toledo, Ann Arbor et North Michigan Railway » considère la solution comme bien plus économique que les chargements et déchargements des marchandises transportées sur ou hors de navires du type ordinaire. La question de rapidité ne peut être mise en jeu, et en résumé depuis le 15 novembre 1892, les « ferry-boats » que nous venons de décrire ont fait un excellent service courant, même à travers de violents orages ou de glaces continues.

CHAPITRE VII

PONTS EN BOIS

Pont en bois, système Howe, portée 54ᵐ,863

(Planches 47-48).

La travée de 54ᵐ,86 (180 pieds) représentée en détail par les planches n°ˢ 47 et 48, a été construite au-dessus d'un cours d'eau sujet par sa proximité des montagnes, à des crues très fréquentes et très fortes. Le pont est en rampe de 2 % et comme la configuration du terrain demande à chacune de ses extrémités une courbe d'assez faible rayon, le dévers a été continué sur toute sa longueur. Il est calculé en vue de supporter en outre de son poids propre estimé à 3.580 kilogrammes par mètre courant de pont, le passage de deux locomotives de 91.550 kilogrammes suivies d'une file indéfinie de wagons, remplacée par une surcharge uniformément répartie de 4.470 kilogrammes par mètre courant de pont. Le schéma des charges, avec l'indication des distances respectives des essieux est donné par la figure au bas de la planche 48.

La même planche indique l'épure fournissant les efforts dus à la surcharge dans les membrures. On remarquera que dans la figure résumant tous les résultats du calcul, les diagonales non parallèles aux membrures supérieures inclinées extrêmes, ne figurent pas, sauf dans les deux panneaux du milieu de la travée. On a donc considéré ces diagonales comme faisant office de simples raidisseurs ; cette hypothèse est certainement bien loin d'être exacte, surtout dans ce cas particulier où toutes les diagonales présentent la même section.

Les poutrelles sont disposées par série de deux, aussi près que possible des nœuds du système, ce qui est une excellente méthode, on évite ainsi à la membrure inférieure la fatigue supplémentaire qui se produisait dans les anciens systèmes où des poutrelles sont placées aux milieux des panneaux.

Cette membrure inférieure est composée de quatre files de poutres, deux de 51 × 25, deux de 51 × 23, solidement réunies entre elles par des boulons d'entretoise de 22 millimètres de diamètre et de 1ᵐ,22 environ de longueur à l'intérieur des écrous. Ces boulons passent par séries de trois à travers des coins représentés sur les dessins de détail. Les tronçons formant ces quatre files ont une longueur de 18ᵐ,288, ils forment donc le tiers de la longueur totale, soit quatre panneaux, on conçoit donc qu'il soit facile de n'avoir qu'une seule file coupée dans chaque panneau. Les figures représentent le joint près de l'axe du pont. De chaque côté de la membrure coupée est un couvre-joint en tôle de 483 × 13 millimètres et dont la longueur est de 3ᵐ,251, l'assemblage comprend huit boulons de 10 millimètres de diamètre s'arrêtant à l'extérieur des tôles de 13 millimètres et huit boulons de 22 millimètres traversant également les fourrures ou coins en bois, et les trois autres files de poutres non coupées.

Le type des pièces en fonte recevant les diagonales et les montants est également représenté. Pour la facilité de la fabrication et la sûreté du montage toutes ces pièces sont identiques, les diagonales quelles qu'elles soient ont donc la même longueur et la même inclinaison.

Les membrures inférieure ou supérieure ont partout la même section, il en résulte, vu la portée, une résistance beaucoup trop grande aux deux extrémités du pont. Il est probable que le prix de main-d'œuvre la question de durée et la plus grande difficulté qu'apportait à l'exécution l'emploi de sections variables ont fait rejeter cette dernière solution comme moins économique.

Il existe à la partie supérieure, comme à la partie inférieure, un système de contreventement en croix de Saint-André dont les plus fortes sections se trouvent près des culées. L'usage est de considérer ces contreventements comme encastrés aux deux extrémités. Ce mode de calcul quoique enseigné partout en Europe, y rencontre néanmoins moins de partisans qu'aux États-Unis.

Dans le cas particulier que nous étudions nous ferons remarquer également que les grandes largeurs 1ᵐ,220 de la membrure inférieure, 0ᵐ,965 de la membrure supérieure apportent un singulier élément de rigidité à l'ensemble de l'ouvrage.

Pont en bois, système Howe-Grondahl, longueur 76ᵐ,20

Le bel exemple du pont de 54ᵐ,86 que nous venons de décrire a été
longtemps considéré comme représentant la longueur maximum que
l'on pouvait espérer pour l'application des bois de pin ou sapin employés
sans préparation aucune, et le plus souvent à l'état vert. Les planches
nᵒˢ 49 à 51, représentent un pont analogue dont la longueur atteint 76ᵐ,20 ;
cette portée est d'autant plus remarquable que l'ouvrage a été calculé
pour résister on outre de son poids propre, au passage de deux locomotives de 95.550 kilogrammes suivies d'une file indéfinie de wagons
remplacée par une surcharge uniforme de 4.270 kilogrammes par mètre
courant de pont ; ces charges roulantes sont celles désignées sous le
nom de « Cooper's extra heavy A. »

Cet ouvrage a été récemment construit par la Compagnie du chemin
de fer Sud Pacifique, le projet en est dû à M. W.-A. Grondahl, ingénieur en chef de la division de l'Orégon. Sous la direction de cet ingénieur, toutes les anciennes constructions du type Howe, de cette
division, ont été remplacées par des nouvelles du type 76ᵐ,20
(250 pieds). C'est en réalité un type Howe modifié, qui possède les qualités propres de la construction américaine ; grande hauteur des poutres
principales, grande largeur de panneaux, intersection unique des treillis

Le point faible des anciennes poutres du type Howe réside dans la
tendance de la membrure inférieure à l'allongement, et dans le glissement des pièces en fonte recevant les diagonales et les montants sur
cette membrure, celle-ci perd donc peu à peu sa flèche de montage. Le
glissement des pièces en fonte avait bien été diminué en réduisant
l'inclinaison des diagonales, et en augmentant le nombre des montants,
mais le poids mort s'accroissant, de ce fait même, on ne pouvait réaliser
une longueur supérieure à 55 mètres.

M. Grondahl a réalisé d'importants perfectionnements. La largeur des
panneaux qui n'était guère que de 3 mètres à 4ᵐ,50 a atteint plus du
double. La hauteur des poutres s'est encore accrue, et dans bien des
cas il a été possible d'obtenir, pour les diagonales, une inclinaison de
45ᵒ. Il est résulté de tout cet ensemble un grand abaissement du poids
mort, et une bien moins grande fatigue dans les membrures des poutres.
D'un autre côté, l'emploi des articulations aux points de rencontre des
diagonales, et aux joints des membrures a résolu toutes les difficultés
que présentaient jusque-là les grandes travées en bois.

Dans l'ouvrage représenté en détail par les planches n°s 49 à 51, la largeur des panneaux est de 9^m,525 ; ceux-ci sont divisés en deux parties égales de 4^m,762, 5 par des sortes de montants dont la construction est des plus intéressantes. Ces montants se composent simplement, dans leur partie inférieure, d'une tige recourbée de 38 millimètres de diamètre fixée à chacune de ses extrémités au-dessous de la membrure inférieure, et par l'intermédiaire d'une platine, par un simple écrou. Cette tige s'épaule sur l'articulation spéciale représentée par la figure 78, planche n° 51 ; c'est un cylindre de 178 millimètres de diamètre et d'une longueur telle qu'il pénètre dans chaque diagonale de 127 millimètres, il porte une sorte de table horizontale sur laquelle vient reposer le bois de la partie supérieure du montant, cette partie est également pourvue d'une tige de 19 millimètres analogue à celle de 38 millimètres, et prenant attache au-dessus de la membrure supérieure. Les demi-diagonales inférieures prennent attache au moyen d'un embrèvement et d' un goujon sur les diagonales de toute longueur (fig. 65).

L'accroissement d'obliquité des barres diagonales a fait accepter une disposition spéciale en vue des tensions horizontales. Les pièces en fonte recevant les retombées de ces barres portent cinq saillies, deux à l'extérieur de la membrure, trois entre ses quatre éléments. Une fois ces pièces posées, on vient introduire une tige d'entretoise dans un évidement pratiqué sur place à travers la fonte et le bois.

Les figures 68 à 71 représentent le dispositif d'articulation employé aux joints des membrures. Des axes de faible diamètre a, a, a... en nombre variable depuis 3 jusqu'à 6 suivant la position des joints, traversent les extrémités de chaque poutre. Des sortes de cames sont disposées entre eux d'une manière telle que tous ces axes travaillent simultanément ; enfin, deux barres représentées en détail par la figure 67, placées au-dessus de ces cames, et présentant chacune une section suffisante pour remplacer la résistance de la barre coupée, et dont les extrémités entourent les axes a, a les plus éloignés du joint, complètent le dispositif. Près l'un de ces axes est un excentrique, dont la course qui est de 3 millimètres, permet de resserrer convenablement l'ensemble ; celui-ci, par surcroit de précaution est encore maintenu par quatre crampons ou tire-fond à ses extrémités suivant l'axe.

Le contreventement, fourni par des poutres de 30 centimètres n'offre rien de bien particulier. Ses plus fortes sections, suivant l'usage américain, sont toujours aux extrémités, près des culées.

Cette travée, malgré sa grande portée a présenté sous le passage du train d'épreuve, défini plus haut, une rigidité vraiment remarquable, la flèche constatée s'est élevée à peine à 13 millimètres.

Dans des contrées riches en bois de construction, comme celles de l'ouest des États-Unis, l'emploi des poutres Howe-Grondahl est certainement appelé à donner les plus excellents résultats.

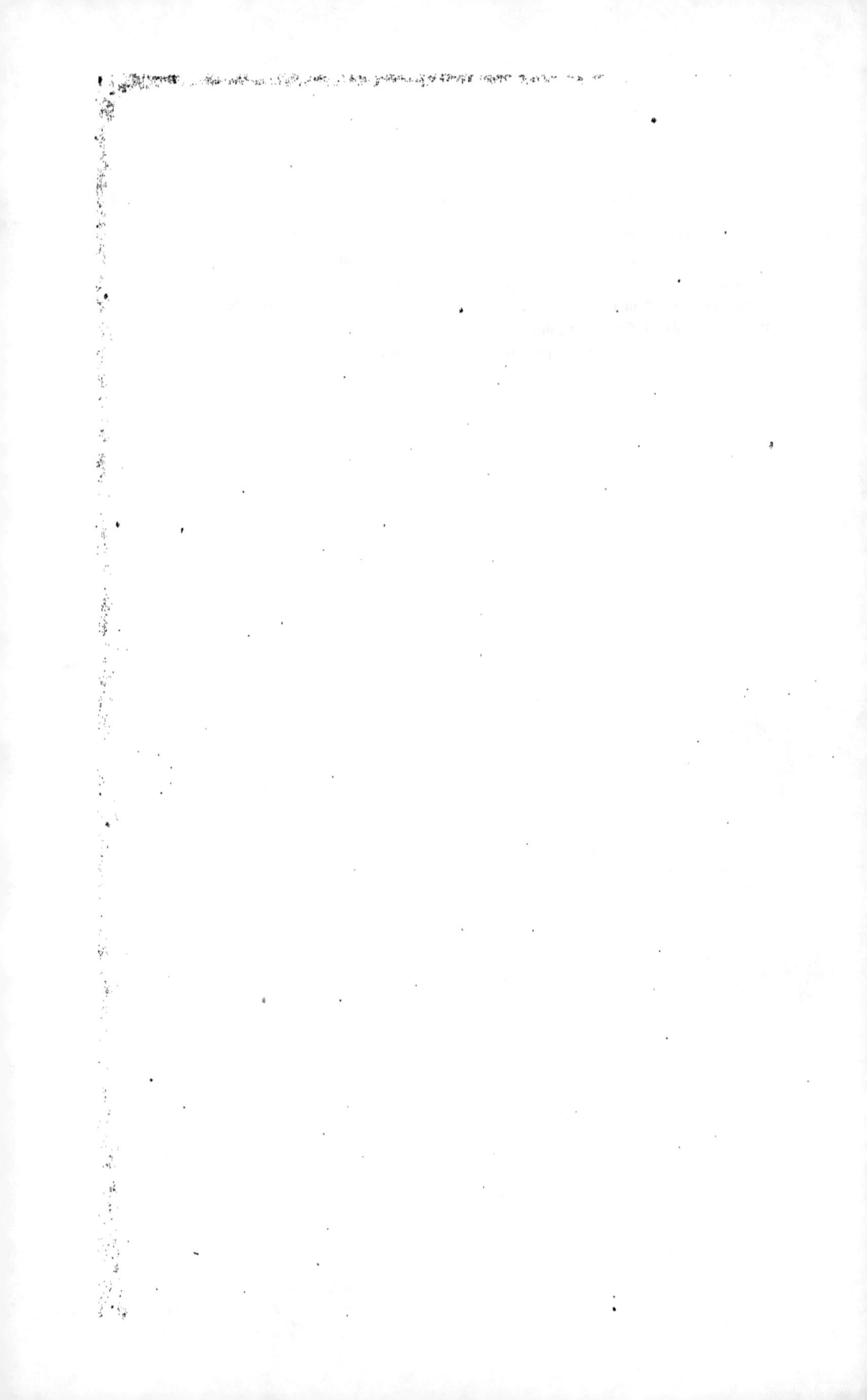

CHAPITRE VIII

PONTS MIXTES

Pont mixte sur la " North Umpqua River " (Orégon)
(Planches 52-53-54-55)

" THE CALIFORNIA BRIDGE COMPANY " CONSTRUCTEUR

Les planches 52 à 56 représentent en détail le seul cantilever mixte à grande portée qui, croyons-nous, existe en Amérique, c'est un pont en bois et en fer, situé dans l'État de l'Orégon, près de Roseburgh. Les volées du cantilever regardant les culées ont chacune 44^m,805, les volées sur la rivière 32^m,003, et la travée suspendue entre ces deux derniers 24^m,384, la distance entre les piliers est ainsi de 88^m,390 et la longueur totale du pont 178 mètres.

Dans le diagramme représentant les efforts et les sections des divers éléments des poutres principales, le signe — indique les efforts de tension. La limite du travail qui paraît avoir été choisie est de 11^k,75 par millimètre carré de section pour les barres tendues métalliques ; certaines de ces barres travaillent également à la compression quand la section A est chargée, alors que B et C sont vides.

Les résultats de calculs sont également donnés, ainsi que les sections correspondantes pour le contreventement, planches 52-53.

L'ouvrage est calculé en vue de supporter, en outre de son poids propre, qui s'élève en moyenne à 2.380 kilogrammes par mètre courant une surcharge de même valeur. Les poutres métalliques sont en fer à l'exception des sabots et appareils d'appui qui sont en fonte, des plats de 76 et de 102 millimètres qui sont en acier, ainsi que les axes.

La travée entre les balanciers du cantilever, dont la hauteur de poutres principales paraît d'ailleurs exagérée, a été montée sans échafaudage, on a de ce fait été obligé de placer des pièces temporaires les membrures qui travaillaient une fois le pont complètement mis en place à la tension ou à la compression, subissant alors un effort en sens inverse.

On s'est étonné, avec raison, du peu d'importance de la travée, vu le choix du type cantilever, nous n'avons, en effet, dit que cet ouvrage mixte était à grande portée que parce qu'il n'existe pas de cantilever mixte de portée plus considérable. Il serait très intéressant de savoir si c'est par raison économique que le constructeur a adopté ce système, on ne saurait mettre en doute qu'un pont bowstring, voire même un pont ordinaire à poutre Warren ou Pratt aurait été plus simple d'exécution. Sans considérer le type cantilever comme uniquement réservé aux portées du Forth, du Sukkur, ou même du pont de Memphis décrit au cours de cet ouvrage, on peut regarder cependant ce type comme répondant à de longues portées se rapprochant de celles de ces ouvrages.

La description détaillée de ce pont est rendue inutile par les annotations très complètes inscrites sur les dessins, les principes de construction en sont d'ailleurs très simples et toujours identiques. Nous renverrons donc le lecteur à l'examen des planches 52 à 56.

CHAPITRE IX

DES EMPLOIS DIVERS DU BOIS SUR LES LIGNES
DES CHEMINS DE FER DANS L'OUEST DES ÉTATS-UNIS

Emplois divers

Les figures des planches 56 et 57 montrent quelques types de construction en bois, tels que pylônes d'échafaudages, ponceaux, ponts ou plutôt approches de ponts, conduits de drainage, dispositions contre la circulation des animaux des fermes sur la voie ferrée, etc.

Ainsi que nous l'avons expliqué au début de cet ouvrage, le prix de revient de tels ouvrages est très faible. Pour donner un exemple à l'appui de ce dire, nous citerons un mode de construction, représenté par les figures 1, 2 et 3, l'ouvrage a été fait à forfait.

Les prix élémentaires se décomposaient de la manière suivant :

Pieux battus	5^{fr},95 le mètre courant.
Autres bois employés :	
Bois scié.	25 fr. le mètre cube
Pieux livrés sur la voie	1^{fr},40 à 1^{fr},50 le mètre courant.

Le type de pylône planches 55-56 est très répandu, c'est donc celui qui paraît donner les meilleurs résultats. Si on le compare aux anciens ouvrages analogues existant depuis quinze années, on constatera que le platelage est plus robuste, que les boulons d'attache de ce platelage sont écartés seulement de 0^{m},506 au lieu de 0^{m},610, ancienne cote le plus souvent adoptée. La Compagnie de l'Oregon Pacific a adopté un mode de platelage identique à celui représenté par la figure 3, et se loue fort de ce système, avec longerons formant contre-rails à l'intérieur et à l'extérieur des rails. Elle cite notamment un déraillement de wagons fortement chargés, sur une pente de 20 millimètres par mètre en courbe, la rame de véhicules a couru d'une extrémité à l'autre de l'ouvrage sans grand dommage, ni pour les wagons, ni pour la superstructure de l'ouvrage.

Les détails d'assemblage des bois sont représentés par les figures 4 à 9 inclus, les dernières se rapportant à la partie inférieure des pylônes. Ceux-ci peuvent reposer, comme l'indique la gauche de la figure 7, sur des pieux, ou bien comme le représente la droite de cette figure, ainsi que la figure 8, sur des sortes de semelles si la nature du terrain le permet.

Les dispositions des figures 10 et 11 sont employées dans les terrains sans consistance, où il faut rechercher le bon sol à une certaine profondeur. Le platelage est analogue à celui que nous avons indiqué ci-dessus. Les longerons, au nombre de six, sont en bois de $0^m,51 \times 0^m,23$ et ont $4^m,87$ de longueur.

De telles constructions ne demandent pas plus d'entretien et n'occasionnent pas plus d'ennuis que les ouvrages métalliques. Elles sont rigides, calculées avec une grande marge de sécurité et font un service excellent quoique temporaire. Une fois le chemin de fer construit, les environs immédiats se colonisent, la population s'y agglomère, le trafic s'accroît. Le pont en bois alors est remplacé par un ouvrage en acier.

Les figures 12 à 15 représentent une disposition empêchant les animaux des fermes de circuler librement sur la voie. Elle consiste simplement en pièces en bois présentant à la partie supérieure une arête coupante, posées sur les longerons et longrines et ne permettant pas aux animaux d'avoir quelque endroit plan pour assurer leur marche.

Les figures 16, 17 et 18 montrent un dispositif employé pour des ponceaux ouverts, entièrement en bois, de très faible importance. Les culées, réduites à leur plus simple expression sont formées par des poutres de longueur variable en $0^m,30 \times 0^m,30$, reliées les unes aux autres par des goujons vissés. Bien entendu, la voie ne peut être dans ce cas qu'à un mètre environ en remblai au-dessus du terrain naturel.

Un autre système s'appliquant à une largeur quelconque est celui des figures 24 et 25. La largeur de l'ouvrage est divisée en intervalles égaux de $1^m,20$ environ. Les extrémités sont munies d'une file de planches.

Des conduits pour drainage sont indiqués sur les figures 10 à 21. La figure 26 représente une disposition particulière applicable au drainage sous une voie ferrée.

Les figures 28 et 29 sont simplement des traversées de chemin de ferme et de route et ne demandent également aucune description.

CHAPITRE X

PONTS EN MAÇONNERIE

La compagnie du Pensylvania Railroad met en exécution, actuelle-ment, un certain nombre de ponts en maçonnerie, et paraît vouloir dé-sormais laisser une certaine place à ce genre d'ouvrage. Il s'agit là d'un cas tout spécial. La compagnie du Pensylvania Railroad se pique d'être la première compagnie des États-Unis tant au point de vue de l'importance des recettes commerciales qu'à celui des dispositions techniques. Ses ingénieurs très au courant de tout ce qui se fait en Europe, ce qui est rare aux États-Unis, tiennent à montrer qu'ils savent s'affranchir du type américain : ils ont donc tenu à construire certains ouvrages soumis à une circulation très intensive et présentant des conditions particulières suivant les errements adoptés en Europe. Mais il s'agit là d'un cas spé-cial il est douteux que les ponts en maçonnerie se développent beau-coup en Amérique surtout pour les ouvrages un peu importants ; ils re-présentent une trop grosse dépense première.

Sauf ces exceptions, qui ont peu d'importance, rien même n'avait été fait jusque-là dans cette voie. Les ponts en pierre de Rochester (New-York), le pont de Pennypack, à Philadelphie sont des ouvrages d'une importance minime pour le premier, nulle pour le second. Nous les citerons néanmoins pour la rareté du fait et parce que nous ne pou-vons guère les passer sous silence dans cette *Revue*, Leur faible intérêt justifiera notre dire : il n'existe pratiquement pas de ponts en maçon-nerie aux États-Unis.

Ponts en pierre sur la rivière Genesee à Rochester

Les deux schémas ci-dessous représentent les viaducs en pierre des Court et Andrews Street au-dessus de la rivière Genesee, à Rochester,

Pont de Court Street sur la rivière Genesee

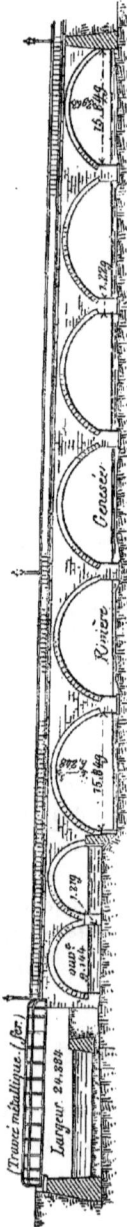

Pont de Andrews Street sur la riv.re Genesee

dans l'État de New-York. Nous ne les citons ici comme il a été dit ci-dessus que pour la rareté du fait aux États-Unis.

Le pont de Court Street se compose de huit arches en pierre et d'une travée métallique, en fer, à âmes pleines. Six de ces arches ont 15^m,849 d'ouverture entre parements des maçonneries des piles, leur flèche est variable et augmente avec la hauteur de l'ouvrage; la plus petite est de 3^m,962, la plus grande de 6^m,248. La travée métallique a 24^m,384 de longueur.

La largeur de ce pont est de 19^m,506 comprenant une voie charretière de 12^m,192 et deux trottoirs de 3^m,657 chacun. La chaussée est en pierres siliceuses de Medina, elle repose sur un lit de béton de 15 centimètres. Les trottoirs sont formés de 5 centimètres d'asphalte reposant sur 15 centimètres de béton. Le prix d'adjudication est de 689.650 francs; il comprend les rampes d'approche et le changement de l'ancien pont. Rapporté au mètre courant ce prix devient 4.840 francs, la travée métallique exclue, et 4.500 francs, la travée métallique y compris.

Le pont de l'Andrews Street comprend six arches en pierre de 10^m,494, d'ouverture, 2^m,743 de flèche, et une septième arche plus petite ayant seulement 9^m,884 de largeur et 2^m,432 de flèche.

La largeur de ce pont est de 18^m,288

le prix d'adjudication a été de 362.685 francs soit 4.160 francs le mètre courant.

Pont en béton sur la rivière Pennypack, à Philadelphie

L'emploi des arches en béton, très commun en Europe est exceptionnel en Amérique, c'est pourquoi nous signalerons le seul ouvrage qui à notre connaissance ait été établi d'après ce système aux États-Unis.

Élévation   ½ Coupe transversale

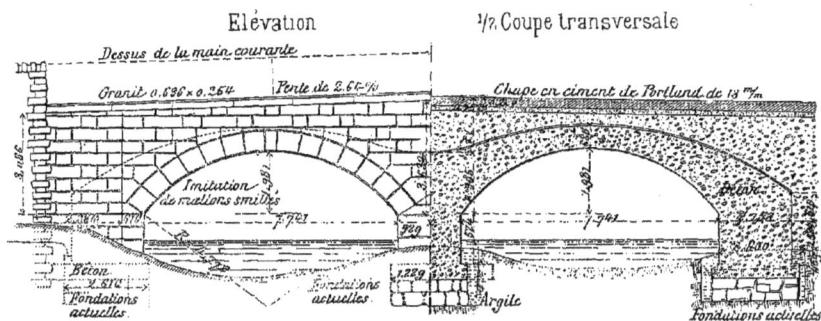

C'est un pont à deux arches de 7ᵐ,741 d'ouverture entre parements de la pile centrale et des piles-culées, construit sur la rivière Pennypack à Philadelphie.

Comme on le voit, d'après cette faible ouverture, l'ouvrage est de bien peu d'importance, et nous ne nous y arrêterons pas, La flèche de l'intrados à 1ᵐ,981 de hauteur, la largeur totale du pont mesurée à l'extérieur des parapets est de 10ᵐ,458, comprenant une voie charretière macadamisée de 7ᵐ,925 ; l'empierrement a 0ᵐ,40 d'épaisseur. Les voûtes ont 0ᵐ,686 d'épaisseur à la clé et sont recouvertes d'une charge de 13 millimètres en ciment de Portland. Le remplissage est en béton comprimé, dont le parement imite les moellons smillés.

Les fondations sont en ciment de Portland Dykerhoff, les culées, la pile centrale, et les arches sont en ciment de Portland Manheimer. En vue de donner une plus grande résistance à l'ouvrage des grillages en fil de fer ont été noyés horizontalement et verticalement à l'intérieur du béton tous les $0^m,610$ environ; dans les deux directions; le diamètre du fil de fer employé est de six millimètres.

Le coût total de l'ouvrage est d'environ 43.000 francs, soit environ 1.900 francs par mètre courant y compris les culées.

CHAPITRE XI

SUR QUELQUES ACCIDENTS DE PONTS POUR CHEMINS DE FER AUX ÉTATS-UNIS

Chute du pont de Louisville (Kentucky)

(Planches 14 à 18).

Nous ne reviendrons pas ici sur le terrible écroulement de l'échafaudage de montage d'une des travées de ce pont, déjà décrit dans le cours de cet ouvrage, nous renverrons simplement le lecteur page 54, où nous discutons tout au long les causes probables, sinon certaines de l'accident.

Chute du pont de Chester (Massachusetts)

(Planches 58-59).

Le pont de Chester avait été construit en 1874 par la Niagara Bridge Company, et jusqu'au moment de l'accident (31 août 1893) avait toujours été maintenu dans un excellent état d'entretien. Il se composait de deux travées mesurant chacune 31^m,850 entre parements de la pile centrale et des piles-culées en maçonnerie, particulièrement massives. Les poutres principales, au nombre de deux seulement traversaient la rivière Westfield à une hauteur d'environ 8^m,50 au-dessus du niveau de l'eau. Les deux voies présentaient à l'est du pont un alignement droit, et à l'ouest une courbe d'assez grand rayon dont la tangente se trouve à l'entrée même du tablier. L'ouvrage était situé à 2 kilomètres environ de la petite ville de Chester (Massachusetts).

Le train spécial de Chicago, empruntant les voies du Lake Shore et celles du New-York Central Railroad jusqu'à Albany, et passant de là sur le réseau Boston Albany, s'arrêta le 31 août 1893 à midi 31 à Chester, avec neuf minutes de retard, et partit bientôt dans la direction du pont. Il aborda celui-ci par l'ouest, c'est-à-dire du côté où la voie est en courbe.

La locomotive en passant sur la première travée détermina un écartement des rails, rejetant le train vers le sud, elle passa sur la seconde travée en rompant son attelage avec la première voiture et se renversa en travers de la voie dans le remblai à 45 mètres environ de l'autre côté, de la culée est du pont.

Le fourgon buffet qui avait franchi la première travée, fut entraîné dans la chute de la seconde travée, ce véhicule fut entièrement broyé.

La deuxième voiture, le sleeper *Elmo* vint heurter à trois reprises la poutre principale et fut retrouvée après l'accident à 9 mètres au-dessous du niveau de l'eau, parallèlement et non loin de la pile centrale, côté ouest.

La troisième voiture, un sleeping-car fut complètement renversée sur le côté tandis que le wagon-restaurant vint s'écraser sur l'arrière du sleeper *Elmo.*

La dernière voiture du train, un wagon-fumoir seul resta sur la voie n'ayant que de légères avaries.

La vue supérieure à gauche de la planche n° 58 est prise du côté nord, la vue à droite est prise de la culée ouest. Cette dernière montre une série de plates-bandes où les rivets ont été coupés, c'est d'ailleurs sans aucun doute la cause de l'accident.

Le rapport ci-dessous, fait au nom de la commission d'enquête par le professeur Sivain, est une charge accablante pour la compagnie Boston and Albany qui ayant augmenté considérablement non seulement le poids de ses machines, mais encore celui des wagons et des charges réglementaires de transport, avait bien fait des plans de réfection des ouvrages d'art, dûment soumis et approuvés par l'ingénieur en chef, mais avait passé un simple contrat verbal avec un constructeur, dont nous regrettons de ne pas savoir le nom, et n'avait envoyé ni ingénieur, ni surveillant pour constater la bonne exécution des réparations, et leur sécurité absolue. De plus, aucun ordre n'avait été donné par la compagnie pour réduire la vitesse des trains à leur passage sur le pont. Voici du reste une traduction fidèle de ce rapport :

« L'examen des décombres a permis de déterminer, et sans qu'il soit possible d'élever aucun doute à ce sujet, la cause de l'accident. Le constructeur chargé des réparations avait beaucoup affaibli la solidité de l'ouvrage, qui se trouvait placé dans de mauvaises conditions de résistance.

« Voici comment la commission explique cet affaiblissement, et déclare que c'est la poutre principale au sud de la travée ouest qui a causé l'accident, la rupture de cette poutre ayant commencé à la membrure supérieure.

« La section de cette membrure était composée de deux âmes verticales, de deux cornières supérieures accolées sur ces âmes et d'un certain nombre de plates-bandes de longueur variable rivées sur ces cornières. Les rivets reliant les plates-bandes aux cornières devant être coupés, pour permettre le renforcement des poutres, ces rivets auraient dû être remplacés par des boulons pour ne pas trop affaiblir la résistance. A un certain moment cependant ni rivets ni boulons n'existaient sur une longueur faible, mais variable suivant la disposition des différents joints, les âmes et les cornières étaient affranchies de toute solidarité.

« L'examen des décombres indique clairement que lorsque le train s'est engagé sur le pont, la membrure supérieure de la poutre principale sud-ouest était dans ces conditions. Les anciennes plates-bandes n'étaient ni rivées ni boulonnées sur les cornières dans les second, troisième et même partiellement dans le quatrième panneau à compter de l'extrémité ouest, soit sur une longueur de 7^m,60 environ. Du moins, nul boulon ne paraît avoir été mis en place pour remplacer momentanément les rivets ; s'il en existait quelques-uns, leur nombre était assurément très faible, la commission n'en a aperçu aucun.

« En résumé, les décombres permettent de conclure que la partie résistante de la membrure considérée était uniquement formée par les âmes et les cornières, à l'exclusion de toute plate-bande, car, sans aucun doute, si une ou plusieurs plates-bandes avaient été boulonnées aux cornières, on les aurait retrouvées dans cet état, ou tout au moins quelques boulons auraient été éparpillés dans le voisinage immédiat. De plus, une inspection minutieuse a prouvé que rien ne pouvait faire supposer le cisaillement de ces boulons par le choc. La cause de l'accident est donc bien déterminée.

« La commission fait remarquer également que le constructeur, pour couper tous les rivets des plates-bandes, a dû enlever momentanément le contreventement latéral à certains joints de la membrure supérieure. Il est possible, quoique la commission n'ait relevé aucun indice permettant de le supposer, qu'une broche, un boulon même ait été placé comme attache provisoire. La chute de l'ouvrage prouve que cette précaution, si elle a été prise, était insuffisante. »

Ce rapport se passe de commentaires. Il établit clairement que le désastre a été causé par l'affaiblissement de résistance sur une certaine longueur de poutre principale lors du passage d'un train lourd à une vitesse élevée.

———

CHAPITRE XII

CHANGEMENTS, RELÈVEMENTS OU ABAISSEMENTS DE PONTS, VIADUCS, OU PILES DE PONTS

Sur la reconstruction de quelques ponts tournants

(Planches 60-61)

L'acccroissement continu des poids des locomotives a rendu nécessaire la réfection d'abord, la reconstruction ensuite des viaducs. Les plus intéressantes transformations à étudier sont celles relatives aux ponts tournants.

Nous signalerons, entre autres, les nombreux changements faits sur la ligne du Jacksonville, Tampa et Key West Raibroard, entre Jacksonville et Sanford. Quatre d'entre eux sont des plus intéressants ; néanmoins, nous passerons rapidement sur les deux premiers, qui, vu leur distance suffisante des anciens ponts, n'ont pas occasionné de difficultés spéciales de montage, et n'ont pu être cause d'interruption des voies.

Ces deux viaducs sont ceux de Girts Creek, entre Edgewood et Blach Point, à une dizaine de kilomètres de Jacksonville et de Buffalo Bluff, sur la rivière Saint-Jean, à une centaine de kilomètres de la même localité.

La longueur totale du pont de Girts Creek est de $34^m,442$; la pile sur laquelle repose la travée tournante est cylindrique, d'un diamètre égal à $4^m,877$. Les dimensions à la base des piles culées sont de $1^m,829 \times 4^m,267$; celles au sommet de $1^m,524 \times 3,962$. Ces piles sont métalliques, en viroles en tôles d'acier, et renfermant chacune une centaine de mètres cubes de béton. La hauteur d'eau est d'environ $3^m,90$ à 4 mètres, et la distance du dessus du rail au niveau de l'eau est d'environ 3 mètres. Au-dessous du limon du fond de la rivière, la résistance du sol va peu à peu en croissant ; le bon sol est à $13^m,70$ environ.

Le pont Saint-Jean, puis Buffalo Bluff, a $70^m,103$ de portée, et repose sur une pile et des culées cylindriques en tôles de fer, remplies de 300 mètres cubes environ de béton. Les fondations ont été faites sur des pieux battus avec peine dans un sable très dur.

Un troisième changement a présenté plus de difficultés par le fait que la nouvelle pile était construite si près de l'ancienne que cette dernière gênait le travail. Ce pont est encore sur la rivière Saint-Jean, mais près du lac Monroë, entre Enterprise Junction et Monroë. L'ancien viaduc était en bois, du système articulé Howe. Le nouveau pont tournant est en acier du système articulé Pratt. Il a exactement 7^m,10 de longueur totale, comme le pont de Buffalo Bluff.

La pile centrale est formée par de larges viroles d'acier de 6^m,10 de diamètre, remplies de béton. Les pieux, au nombre de 100, sous la pile centrale, et de 32 à chaque pile culée, supportent directement un plancher en bois. Après avoir été battus à la profondeur voulue, les pieux ont été recépés le plus près possible du fond de la rivière, à l'aide d'une scie que nous décrirons plus loin,

Toutes les viroles ont 9^{mm},5 d'épaisseur; un plancher en bois est boulonné à la virole inférieure. C'est sur ce plancher qu'est coulé le béton. Comme toujours, les viroles sont ajoutées successivement au fur et à mesure du fonçage.

La figure 1 de la planche n° 61, représente le schéma du pont. A, B, C sont les nouvelles piles, *a*, *b*, *c* les anciennes. En A, B est un viaduc d'approche reposant sur une série de pylônes. Un échafaudage provisoire, battu sur pieux, entre *b* et *c*, ne montait pas à une hauteur suffisante pour empêcher la rotation du vieux pont. Cet échafaudage n'a été construit qu'après le montage de la travée métallique sur une estacade en pilotis battus perpendiculairement à la voie ferrée. Le mécanisme de rotation avait été monté à l'avance sur la pile centrale.

Un échafaudage provisoire a été également battu entre *a* et *b*, et un plan incliné aménagé à la partie supérieure. Dès que l'échafaudage fut terminé, l'ancien pont fut condamné, et soulevé de son pivot, le panneau du milieu coupé et on le fit glisser sur le plan incliné. En même temps, les pylônes d'approche entre A et B furent déplacés pour permettre la rotation du nouveau pont.

L'interruption de la voie ferrée n'a duré que six heures, et l'opération ayant été faite un dimanche, le trafic ne s'en est aucunement ressenti.

Le diamètre des piles-tubes atteint 1^m,829. La profondeur d'eau est de 5ᵐ,486 en moyenne, et la hauteur du dessus du rail au niveau de l'eau est d'environ 3 mètres. On a dû descendre, vu le peu de consistance du terrain, à 13ᵐ,72 pour atteindre le bon sol.

Le quatrième changement intéressant sur la ligne du Jacksonville, Tampa and Key West Railroad, concerne le pont de Black Creck, à 34 kilomètres de Jacksonville, entre Willford et Fleming.

La nouvelle pile est si près de l'ancienne qu'il a été impossible de suivre la méthode de l'exemple précédent. La rivière est tellement étroite, qu'il ne fallait pas non plus penser à construire sur place le nouveau pont. On a tourné cette difficulté en montant l'ouvrage sur deux chalands, qui ont servi à le mettre en place d'abord, et ensuite à enlever l'ancien tablier.

Les figures de droite de la planche n° 60, montre le chaland en position pour transporter l'ancien pont; ainsi que le transport.

La longueur du pont est de 45ᵐ,72, le diamètre de la pile 6ᵐ,10, celui des piles-culées 1ᵐ,829 à la base inférieure, 1ᵐ,524 à la partie supérieure. On a employé le ciment de Portland avec un mélange de sable et coquilles dans la proportion de 1 à 6. Les résultats ont été des plus satisfaisants.

Le système général de construction des piles des viaducs que nous venons de décrire est indiqué par la figure 3 de la planche n° 61. On bat tout d'abord huit pieux servant de repères, disposés aux sommets de deux carrés. Ces sommets sont réunis par des entretoises. Les autres pieux, ayant été battus et recépés à un même niveau, le plancher en bois, sur lequel sera coulé le ciment, et la première virole qui y est boulonnée sont amenés en position. L'ensemble est descendu en place au moyen de quatre longues tiges filetées prenant point d'appui sur les cadres de moisage des pieux; en donnant un mouvement de rotation aux vis, le plancher portant la première virole se trouve entraîné par l'intermédiaire de quatre écrous qui lui sont fixés.

Cette méthode de procéder évite tout déplacement de la pile durant sa construction, et la préserve des affouillements que pourraient causer les eaux; elle est économique et ne donne aucune difficulté d'exécution.

La figure 2, de la planche n° 61, représente la scie circulaire employée pour le recépage des pieux et la transmission de mouvement y afférant. C'est au fond un simple mécanisme de sonnette à vapeur auquel on a ajouté une poulie permettant de donner un mouvement de rotation à une scie fixée à l'extrémité d'une tige plus ou moins longue, qui prend appui sur une pièce de bois servant de support intermédiaire.

Avec cet appareil, on obtient des résultats remarquables au point de vue de la constance du niveau de recépage; il y a très peu de variations, même dans les profondeurs relativement grandes. Le résultat du recépage est pour ainsi dire certain, et se règle automatiquement.

Reconstruction d'une pile centrale défectueuse du pont tournant à Gadsden (Alabama)

(Planches 59 et 62)

La reconstruction de la pile centrale de la travée tournante du viaduc de Gadsden, sur le réseau de la Compagnie Anniston and Cincinnati, constituait une entreprise très délicate, tant par la nécessité de rétablir le plus promptement possible la circulation des trains, que par la longueur relativement considérable de la travée (76^m,20), et les conditions particulières dans lesquelles on se trouvait.

La pile primitive avait été construite à l'aide d'un caisson, dont le fond était formé par deux assises de madriers de 30 $\times$ 30, perpendiculaires, et bien réunies l'une à l'autre. La section du caisson était celle d'un octogone, celle de la pile était circulaire. La maçonnerie avait été construite sur ce que l'on supposait être un sol rocheux, à une profondeur de 3^m,657 seulement au-dessous du niveau des basses eaux. Pendant une crue, le parement aval s'inclina soudain, et d'un seul coup le déplacement des arêtes supérieures de la pile s'élevait à plus de 2 mètres; la travée ne suivit pas le mouvement. L'accident eut lieu pendant une crue très violente, la hauteur d'eau dépassant de plus de 12 mètres le niveau de l'étiage.

Dès que la crue fut terminée, on examina à nouveau le sol sur lequel reposait la pile, et on découvrit du côté aval la présence d'une couche de sable graveleux d'environ 1^m,20 d'épaisseur. Cette couche présentait une compacité telle, que l'ingénieur chargé des travaux l'avait confondue avec le sol rocheux même. Un affouillement subit était donc l'unique cause de l'accident. Fait à signaler en passant : la maçonnerie ne présentait aucune fissure, et semblait s'être abaissée d'un seul mouvement;

on peut en conclure, d'une façon certaine, qu'elle était de la meilleure qualité, et d'une excellente construction.

En vue de rétablir au plus vite la circulation, on a placé, comme l'indique la planche 62, des béquilles convenablement entretoisées en amont, prenant appui sur une saillie de la pile. A l'aval au contraire des semelles en bois, d'épaisseur suffisante, supportaient momentanément la seconde poutre principale et la partie aval du tambour de rotation. Ces dernières fourrures n'ont bien entendu été mises en place qu'après la rectification nécessitée par l'axe de rotation lui-même. Après des essais de résistance jugés satisfaisants, la circulation fut rétablie. Restait à démolir la pile et à en reconstruire une nouvelle sans interrompre la circulation.

A cet effet, on a procédé immédiatement à la construction de deux palées en bois, écartées d'axe en axe de 13ᵐ,216, destinées à jouer ensemble le rôle de pile centrale. La distance de 13ᵐ,716 correspond à la distance de deux montants les plus voisins de l'axe de la travée.

Un batardeau fut tout d'abord construit autour de la pile, non sans difficultés, l'irrégularité du sol rocheux, et le peu de résistance offerte aux infiltrations par la couche de sable, causant de nombreux mécomptes. On a dû recourir à un triple batardeau, tel qu'il est représenté planche 62.

Nous n'insisterons pas sur la composition et la construction des palées qui n'offrent rien de particulier. Quant aux fermes A elles sont disposées, deux à l'extérieur, deux à l'intérieur des poutres principales de la travée, et d'une manière telle, qu'elles puissent supporter à la fois le tambour et les poutrelles.

La travée ayant été soulevée à l'aide de vérins hydrauliques, les fourrures et les montants temporaires, qui supportaient les poutres principales sur la pile, ayant été abaissés, la travée fut elle-même abaissée, et reposa alors sur les palées construites de part et d'autre de la pile. De nouveaux essais de résistance ont été exécutés, la flèche des fermes A jugée suffisamment faible, et la circulation rétablie à nouveau, quoique un peu gênée par la présence des fermes intérieures qui réduisaient la largeur libre à 3ᵐ,277. Quelques wagons, de largeur plus considérable que le gabarit, et appartenant à des particuliers, passaient si près de ces fermes que leur peinture était éraillée.

La pile fut démolie rapidement, les travaux étant poussés avec une grande activité jour et nuit. Les deux assises de plancher sous cette pile furent également détruites, et la couche de sable complètement enlevée jusqu'au sol rocheux. Une maçonnerie neuve remplaça cette couche et les assises de plancher en caisson primitif; au-dessous de ce niveau, l'ancienne maçonnerie, qu'on avait eu soin d'enlever, assise par assise, à l'aide de chalands, fut remise en place, autant que possible, à la position exacte qu'elle occupait avant la démolition.

La durée totale des travaux a été de 101 jours; encore la réfection a-t-elle été retardée à trois reprises par l'envahissement du batardeau. La hauteur de la pile, des fondations à la surface supérieure du couronnement était de 25 mètres, et son volume de 840 mètres cubes environ.

Relèvement provisoire d'un pont à Mount Vernon (New-York)

(Planche 14).

En raison de certains changements accomplis par la ligne de New-York, New-Haven and Hartford, à Mount Vernon, il devenait nécessaire, pour assurer le trafic existant, en laissant au-dessous des ponts une hauteur libre suffisante, de relever temporairement plusieurs d'entre eux, en les faisant reposer sur des tasseaux de bois, jusqu'à ce que, les travaux ayant été exécutés, ces ponts puissent reposer à nouveau sur leurs appuis métalliques.

Au pont de l'Avenue du parc, immédiatement à l'est de la gare, les rampes nécessitaient un surélévement de $0^m,914$. L'opération était rendue particulièrement difficultueuse par les dimensions de l'ouvrage mesurant ($54^m,863$) en longueur ($18^m,288$) en largeur. Le tablier métallique était très lourd, car il doit pouvoir supporter, outre les charges ordinaires, le passage d'une locomotive routière, appartenant à la ville, dont un essieu est chargé de 15 tonnes. Aussi le projet primitif comportait-il la construction d'un échafaudage. L'opération ayant cependant été jugée par trop coùteuse, dans ces conditions, on adopta la disposition suivante très économique, et qui pourrait s'appliquer à des ouvrages encore plus importants. Le travail fut exécuté sous la direction de M. Seaman, ingénieur chef de section.

Les membrures inclinées supérieures ont été surmontées, comme l'indiquent les figures par un bloc en bois de 40 × 40, réuni par deux forts boulons de 51 millimètres de diamètre à trois plaques de 406 × 38 millimètres. De plus, il était prévu deux tiges inclinées de 64 milli-

mètres de diamètre, terminées par des crampons présentant une
rainure pour le passage des âmes, ces rainures ont été ménagées pour
éviter tout glissement. On remarquera également que cette disposition est telle que l'axe de la pièce de bois de 40×40 est très sensiblement sur la verticale passant par le centre du tourillon; on évite
ainsi presque en totalité les déformations de flexion dans la membrure
inclinée.

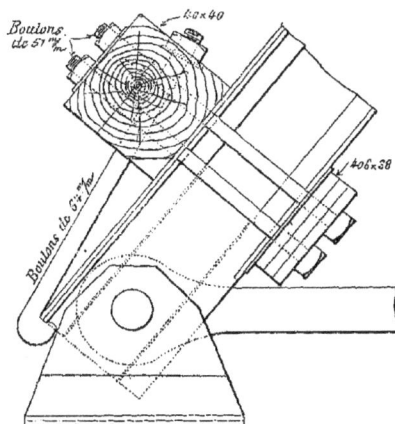

On comptait employer seulement deux vérins hydrauliques pour
chaque poutre principale. Ces vérins ont, en effet, été suffisants pour
le surélèvement de la membrure ouest qui fut soulevée tout d'abord
de 76 millimètres. Mais quand on voulu passer à la membrure est, on
s'aperçut que la dénivellation des appuis avait rejeté sur cette membrure un poids trop considérable et que deux vérins étaient insuffisants.
On employa donc quatre vérins, mais là, on vint se heurter encore
à une autre difficulté, la pièce de bois de 40×40 menaçant de se
fendre verticalement sous l'influence de la très forte compression subie
par son arête.

On a donc été conduit à remplacer le dispositif par celui représenté
par la figure 6. Le bloc en bois de 40×40 a été porté à 46×46, et sa
longueur augmentée de $0^m,610$. Ce bloc repose sur deux fortes pièces
entaillées en leur milieu pour recevoir le bloc supérieur, ces pièces

reposent elles-mêmes sur d'autres poutres plus longues, soumises directement à l'action des vérins. L'opération à l'aide de ce dispositif a parfaitement réussi.

Cette méthode est simple et puissante; rien n'empêche d'augmenter le diamètre des tiges des boulons, et même de remplacer les tasseaux en chêne par des épaulements en fer ou acier, elle pourrait donc s'appliquer à des ouvrages d'une importance très considérable, c'est à ce titre que nous l'avons indiquée dans cet ouvrage.

Abaissement de la pente du " Brooklyn Elevated Railroad " le long de l'avenue Myrtle

(Planches 63-14).

Le profil en long des voies d'un chemin de fer surélevé suivant de très près le profil même du terrain est sujet, comme celui-ci, à présenter des rampes assez raides ou assez longues. Le chemin de fer surélevé de Brooklyn ne fait pas exception à cette règle générale, mais présente de plus le long de l'avenue Myrtle une rampe à la fois très longue et très forte.

La compagnie n'avait point cherché, lors de l'exécution de cet ouvrage, à diminuer la rampe considérable de 2 %, afin d'obtenir au point culminant un long palier élargi pour le service des marchandises. Ce service avait nécessité une troisième voie placée entre les deux voies du service des voyageurs. Mais, ayant résolu de transporter ailleurs ce service et l'enlèvement de cette troisième voie ayant été effectué, il n'existait plus aucune raison de conserver une rampe aussi forte.

Le changement fut décidé en même temps que la construction d'une nouvelle station à la rue Cumberland près le point culminant. La rampe de 2 % avait été reconnue d'ailleurs trop considérable en raison de la puissance de traction des locomotives employées sur la ligne, et était la cause prédominante de nombreux accidents.

Après modification, les rampes s'étendant sur une longueur de 402^m,93 ne sont plus que de 12^{mm},1 par mètre avant la station de Cumberland Streed et sur une longueur de 609^m,59 près cette station, la rampe a été réduite à 8^{mm},7 seulement.

La rectification a été exécutée sans interruption du trafic dans

l'avenue et de la circulation des trains sur l'ensemble des deux voies.
L'opération est conduite de la manière suivante :

Au pied de chaque pilier on a placé deux forts madriers de 30×25
reposant d'une part sur le trottoir, d'autre part, sur une série de cales
disposées sur trois rangs le long de la bordure du trottoir, puis dans le
sens de la longueur de la chaussée et immédiatement au-dessus des
précédents, trois autres madriers de 30×25 également, formant le
plancher d'opération.

L'ensemble de l'installation dans une même station transversale est
représenté, planche 63.

Deux poutres verticales, l'une de 35×35, l'autre de 30×25 furent
disposées le long du pilier et réunies entre elles et à celui-ci par deux
fers ⊏ de 152 millimètres et quatre boulons de 44 millimètres de diamètre. Cet entretoisement existait à deux niveaux. La poutre verticale la
plus proche du pilier reposait sur des cales de bois de 35×10 en nombre variable suivant l'avancement de l'opération, et à sa partie supérieure quatre cornières, formant étriers sur l'âme de la poutrelle,
assuraient une transmission plus parfaite du poids de l'ossature. La
poutre la plus proche de l'axe de la chaussée reposait sur un vérin
hydraulique de 60 tonnes et n'offrait, à sa partie supérieure, qu'une
petite équerre de 76×13 se recourbant sur les ailes horizontales des
cornières inférieures de poutrelle.

Les boulons d'attache de la poutrelle sur les piliers ayant été enlevés
dans une même section transversale, la travée était soulevée de 102 millimètres (dimension exacte des tasseaux) avec deux vérins, et une cale
était ajoutée sous la poutre de bois verticale maîtresse. Cette opération
se faisait quand la voie était libre, et pas un seul instant l'ossature ne
reposait sur les vérins pendant le passage d'un train. Le déplacement
vertical de 102 millimètres est celui qui a été regardé comme maximum
possible, sans occasionner aux diverses parties de l'ossature une fatigue trop considérable. Tous les piliers, sur la longueur de $91^m,44$ étant
pourvus de vérins, l'opération se faisait successivement par série
de deux.

Les figures des planches n°s 63 et 14, montrent clairement en coupe
transversale et vue perspective, l'agencement du matériel.

Les fers ⊏ des piliers les plus voisins de l'axe de la chaussée ont été
seuls coupés, les ⊏ extérieurs, tels que K, étant laissés pour former,
après l'abaissement de l'ossature, un second fer en retour sur les cor-

nières des poutrelles. A cet effet, l'âme de l'⊏ et les ailes des cornières
ont été rivées ensemble. Cette disposition avait l'avantage d'assurer
une répartition plus convenable de la charge entre les ⊏ intérieur et
extérieur des piliers. Le gousset B, en large plat de $356^{mm} \times 16^{mm}$, avec
une largeur de 505 millimètres était fixé par des petits plats d'attache
sur les cornières en retour de poutrelle; il formait une sorte de chemin
de glissement pour la poutrelle dans son mouvement de descente, et
une fois ce mouvement accompli formait gousset de contreventement
après boulonnage sur le pilier.

L'ensemble était raidi non seulement par les goussets B, mais encore
par les pièces D dont nous avons parlé plus haut, ces entretoises sont
elles-mêmes forcées par des coins en bois F. Toutes ces précautions,
utiles d'ailleurs, ont été prises également dans le but d'inspirer la plus
grande confiance au public. Ajoutons que les inspecteurs n'ont remarqué
aucune vibration anormale. La ligne ne présentait aucune courbe et
la réunion des poutrelles aux piliers, et des piliers aux poteaux en bois
semble offrir toute sécurité.

On avait prévu que le récépage des ⊏ des piliers se ferait à la machine
mais l'espace restreint dont on disposait pour n'interrompre en aucune
façon le trafic dans l'avenue n'a pas permis de suivre cette disposition.
Tout le travail a été fait au marteau et au ciseau, les trous percés au
cliquet et les rivets mis en place à la main. On opérait sur de petites
plates-formes suspendues aux membrures principales comme l'indique
la vue perspective. Malgré cela, le travail bien dirigé et rapidement exécuté n'a demandé que quelques semaines.

Les profils en long représentés par la planche nᵒ 63 montrent à la
fois l'ancienne et la nouvelle disposition des rampes, ainsique la position
de la nouvelle station de la rue Cumberland. On voit que le changement n'a pas été complet, l'ancienne rampe de 20 millimètres sub-
siste encore sur une longueur de 292 mètres. La longueur totale de
voie abaissée est de $402^m,93$, ce qui a exigé trente heures de travail, soit
cinq journées et six heures, le travail ne se faisant que vers midi au
moment où le trafic est le plus faible. Quand l'abaissement était supérieur dans une section à $0^m,408$ (hauteur de quatre cales en bois) il
devenait nécessaire de diminuer à la fois la hauteur des poteaux verticaux de 35×35 et de 25×30. A cet effet, comme l'indiquent la vue
perspective et la coupe transversale, des cales étaient disposées sur le
sommet des paliers métalliques. On a dans quelques cas fait reposer

momentanément l'ossature sur les vérins, mais toutes les fois qu'un passage de train était à craindre, la première disposition seule a été adoptée.

Les rails, par suite du changement d'inclinaison, auraient dû être diminués de 19 millimètres chacun. Inutile de dire que cette modification n'a pas été faite, et que l'on a simplement placé à de fréquents intervalles un rail un peu moins long. Ce raccourcissement produisait aussi son effet sur les poutres, mais vu le jeu des attaches, aucune modification n'y a été apportée.

Nous avons sous les yeux le rapport de l'ingénieur chargé du travail, et pour donner une idée exacte de la rapidité du changement, nous citerons seulement le temps nécessité par deux déplacements verticaux de 102 millimètres pour 26 files de piliers. Le premier déplacement fut entièrement accompli entre dix heures et deux heures, le second a demandé également quatre heures dans l'après-midi de la même journée. Nous ajouterons que les socles en fonte des piliers n'ont présenté aucune cassure, aucune altération, comme on aurait pu le craindre.

Les estimations des ingénieurs du chemin de fer surélevé de Brooklyn pour l'ensemble du travail variaient de 35 à 40.000 francs. Celui-ci n'a coûté en définitive que 30.000 francs, ce chiffre peut être considéré comme assez faible, vu la quantité énorme de main-d'œuvre. Il n'y a eu aucun accident pendant toute la durée des travaux, et ni la circulation des trains, ni le trafic de l'avenue n'ont été interrompus un seul instant.

Les dispositions d'ensemble et de détail de ce travail original sont dues à M. O.-F. Nichols, membre de la Société des Ingénieurs civils d'Amérique, ingénieur en chef de la voie du « Brooklyn Elevated Railroad. »

CHAPITRE XIII

CAISSONS

La plupart des caissons employés dans les fondations des grands ouvrages d'art, aux Etats-Unis, sont en bois, d'un type se rapprochant plus ou moins des caissons employés aux fondations du pont New-London, et décrits au cours de cette « Revue ». Il existe néanmoins quelques cas isolés où le métal a été employé, témoin les caissons du pont de la 7ᵉᵐᵉ avenue, également décrits déjà.

Une application nouvelle des caissons métalliques a été faite à New-York City lors des fondations du bâtiment de seize étages de la compagnie d'assurances sur la vie Manhattan dans des conditions rendues particulierement difficiles par la présence de bâtiments importants existant au voisinage immédial de la construction. Nous reporterons cette étude au chapitre des constructions civiles.

CHAPITRE XIV

NOUVELLES GARES ET LEURS CHARPENTES

La nouvelle station du Pensylvania Railroad, à Philadelphie

(Planches 68 à 73).

Depuis moins de vingt années, la Compagnie du Pensylvania Railroad a fait construire trois gares à Philadelphie.

La plus ancienne date du centenaire de 1776, et a été construite en vue de la circulation intense prévue pour cette époque. Bientôt, transformant cette station en un simple dépôt de voitures, la Compagnie fit bâtir, au prix de 7 millions et demi, la gare de Filbert Street, qui fut ouverte au service des marchandises le 25 avril 1881, et au service des voyageurs le 5 décembre de la même année. Cette gare mixte a nécessité la construction d'un « elevated » aboutissant au cœur même de la cité, à la Market Street, après avoir traversé les 152 mètres de largeur de la rivière Schuylkill; le coût de cet « elevated » a été de 13.750.000 francs. Quant à la gare elle-même, elle semblait à l'abri d'un remaniement quelconque exigé par une augmentation même très considérable du trafic.

Néanmoins, une nouvelle station est actuellement en voie d'achèvement. Elle sera uniquement destinée au service des voyageurs, et nous verrons plus loin qu'elle occupera une plus grande surface que les services réunis de l'ancienne gare de 1881.

Tous les trains de voyageurs ou de marchandises, se dirigeant vers Philadelphie, ou sortant de cette ville, passaient sur les trois voies du pont de la Filbert Street, au-dessus de la rivière Schuylkill. La construction de la nouvelle station a eu comme conséquence le doublement du nombre de voies, vraiment insuffisant.

Le pont actuel est formé de trois travées de 12^m,65 de longueur, mesurée d'axe en axe des tourillons extrêmes, et de deux autres travées de 47^m,75, renfermant chacune dix panneaux.

L'ancien pont se composait de quatre poutres principales. Le nouveau, qui comprend le même nombre de panneaux, est du type Pratt. Les voies sont au nombre de six. Les rails, posés en 1881, pesaient 33,26 kilogrammes le mètre courant; ceux posés en 1894 sont d'un échantillon à 42,20 kilogrammes. La hauteur du dessous du rail au-dessus des hautes eaux est de 12^m,800, et la distance à ce même niveau du plan supérieur des piles est de 7^m,315.

La planche n° 62 représente partie de l'échafaudage ayant servi au changement du pont effectué, sans interruption aucune du trafic, en une période de six mois. Ce temps devrait être en réalité diminué, car les délais de livraison des fers ont été de beaucoup dépassés. Une travée seulement a été renouvelée à la fois, pour ne pas porter préjudice aux intérêts de la navigation.

La disposition générale des bâtiments et des voies de la nouvelle gare est indiquée sur les planches 66-67.

Le corps de bâtiment réservé au service plus spécial des voyageurs (salles d'attente, buffet...), occupait seulement une largeur de 58^m,95, à compter de Filbert Street. Sur les 34^m,32 qui séparaient son extrémité de Market Street, s'élevaient plusieurs constructions en briques affectées à la réception des marchandises. Aujourd'hui, l'emplacement du service des voyageurs occupe, non seulement la longueur totale de 93^m,27, mais il existe encore une annexe, peu importante, il est vrai, sur la 15° rue.

Du côté sud, le mur de ce bâtiment est supporté par une poutre de 3^m,200 de hauteur, 17^m,70 de longueur, pesant 30 tonnes. Cette poutre, en fer, offre une section toute particulière; chaque membrure est formée par une âme centrale de 19 millimètres et deux âmes latérales de 11 millimètres; les cornières, en 152 × 102 × 11, sont disposées, deux le long de l'âme centrale, deux à l'extérieur des âmes latérales; les plates-bandes ont 672 millimètres de largeur; elles sont au nombre de trois à la partie supérieure, ayant toutes 19 millimètres, et de trois à la partie inférieure, ayant l'une 19, les autres 22 millimètres. La cote du dessous de la plate-bande dernier rang inférieure au-dessus de la chaussée, est de 9^m,753.

Du côté nord de l'annexe, le mur, plus léger, est supporté à la traversée de la 15° rue par une poutre-caisson ordinaire de 2^m,286 de hauteur, pesant 25 tonnes. La cote de la plate-bande dernier rang inférieure au-dessus de la chaussée, est de 12^m,800.

En se référant au plan on voit que la nouvelle gare s'étend : 1° de l'ést à l'ouest, depuis la 14ᵉ rue (Broad Streed) jusqu'à une parallèle menée à celle-ci à 248ᵐ,40, tombant sensiblement au milieu de l'intervalle des 16ᵉ et 17ᵉ rues ; du sud au nord, sur tout l'espace compris entre Market Street et Filbert Street, soit 93ᵐ,27.

L'ancienne gare à voyageurs s'étendait seulement à l'ouest jusqu'à 172ᵐ,51, soit environ jusqu'à l'est de la 16ᵉ rue. La largeur actuelle, 93ᵐ,27, comprenait non seulement les travées réservées aux voyageurs et marchandises, mais encore un bas comble, sous lequel se rangeaient les voitures.

Afin de permettre au lecteur de bien saisir l'installation générale, un grand nombre de photographies, dont le numéro d'ordre correspond précisément à celui joint au signe ♂ du plan général (la flèche indique dans quelle direction ces vues ont été prises) sont réunies sur les planches 64 et 65.

Le nouvel hall est actuellement le plus grand du monde ; le seul qui puisse lui être comparé sans trop de disproportion, à l'exclusion de celui du Philadelphia and Reading Terminal Railway, à Philadelphie même, qui se trouve plus loin décrit dans cet ouvrage, est celui de Pensylvania Railroad, construit en 1891 à Jersey-City. Nous ne parlerons pas bien entendu des charpentes élevées en vue d'expositions, et dont le caractère ne saurait être considéré comme permanent.

La figure à gauche de la planche 66, indique les profils généraux des magnifiques fermes de Philadelphie et de Jersey-City, dont on retrouvera les dimensions ci-dessous. Il est bon de rappeler de suite que la charpente de Jersey-City offre une longueur bien moins considérable que celle de Philadelphie.

Avant la construction du hall de Jersey-City, le plus grand comble sans supports intermédiaires était celui de la gare de Saint-Pancras, à Londres, construit il y a vingt-cinq ans environ. Les autres charpentes les plus remarquables sont celles des gares de Cologne et de New-York 'Grand Central).

Le tableau suivant permet la comparaison rapide de ces diverses fermes.

DÉSIGNATION	PORTÉE de la ferme (d'axe en axe des tourillons)	HAUTEUR de la ferme	LONGUEUR du toit
Pensylvania Railroad (Philadelphie) .	91^m,641	33^m,045	179^m,57
Pensylvania Railroad (Jersey-City) .	73 ,963	27 ,432	198 ,87
Philadelphia & Reading R. (Philadelphie)	78 ,942	26 ,906	154 ,43
New-York Central & Hudson River Railroad (Grand Central, New-York)	60 ,705	28 ,651	198 ,88
Midland Railroad (Londres, Saint-Pancras)	78 ,151	32 ,613	215 ,18
Gare de Cologne.	63 ^{g},930	23 ,977	254 ,81

Nous joindrons pour mémoire, à ce tableau, les dimensions correspondantes du Palais des Machines de l'Exposition universelle de Paris en 1889, et du Palais des Arts Libéraux et des Manufactures de l'Exposition de Chicago en 1893.

DÉSIGNATION	PORTÉE de la ferme (d'axe en axe des tourillons)	HAUTEUR de la ferme	LONGUEUR du toit
Palais des Machines (Paris 1889) . .	110^m,60	45^m,42	420^m,62
Palais des Arts Libéraux et des Manufactures (Chicago 1893)	112 ,16	62 ,79	336 ,48

La coupe transversale d'une ferme courante est indiquée par axes sur la figure, les nœuds étant numérotés 1, 2, 3... à l'intrados.

Pour la facilité du montage, la demi-ferme est divisée en cinq parties. La première comprend le demi-panneau triangulaire du sommet de l'arc et les quatre panneaux suivants, soit jusqu'à 7-9 inclus; les trois parties suivantes sont formées de trois panneaux chacune, les montants limites étant 15, 21 et 25; la quatrième comprend le pied vertical de la demi-ferme jusqu'à la base du triangle inférieur, dont le sommet est le tourillon.

Les première et quatrième parties ont été mises en place complètement terminées, en un seul tronçon.

Les trois autres parties ont été montées sur l'échafaudage mobile représenté sur la planche 66. Les membrures de ces trois parties arrivaient au chantier complètement terminées. Les membrures inférieures, étant placées sur des cales au plancher supérieur de l'échafaudage mobile, et les membrures supérieures y étant arc-boutées, les montants et diagonales sont boulonnés provisoirement puis rivés.

Le déplacement de l'échafaudage mobile correspondait au montage d'une ferme et des pannes... entre cette ferme et celle voisine précédemment montée. Ce que nous entendons ici par ferme, c'est naturellement l'ensemble des deux arches semblables. L'échafaudage a été déplacé en moyenne tous les dix jours.

Comme à la grande charpente de Jersey-City, l'armature métallique a été livrée à la Compagnie par la Société Pencoyd (Pencoyd Bridge and Construction Company); le montage a été exécuté par le Pensylvania Railroad lui-même.

La hauteur de l'arc hors cornières, suivant la normale à l'intrados est de :

Au niveau du plancher, $1^m,581$;

Aux reins (27) : $4^m,924$;

Au sommet : $2^m,063$.

L'emploi des tourillons, en outre des rotules inférieures, et celle du sommet de l'arc, est limité aux attaches du contreventement. Tous les autres assemblages sont faits par rivets ou boulons.

Les fermes de tête, 1 et 20, ont une âme bordure de 16 millimètres d'épaisseur, qui n'entre pas dans la résistance, mais bien évidemment les âmes en 16 millimètres, de toutes les fermes, aux membrures inférieures, font partie de la section utile.

Membrures de l'arc.

Entre les sections 1 et 27, les membrures supérieure et inférieure des fermes présentant la forme de simple T, ayant la composition suivante :

1° Membrure supérieure :

1 âme de 330×16:

2 cornières de $127 \times 102 \times 13$;

1 plate-bande de 305×14.

2° Membrure inférieure :

1 âme de 406 × 16 ;
2 cornières de 152 × 102 × 13 ;
1 plate-bande de 406 × 14.

Ces membrures sont réunies par le système de montants et diagonales indiqué sur les dessins.

Retombées des arcs.

La disposition générale des pylônes de retombée des arcs et les détails du panneau triangulaire inférieur sont dessinés planches 66-67.

La hauteur de la partie verticale arrière (fermes courantes) est de 10^m,109. L'intrados est cintré suivant un rayon de 8^m,534 depuis le montant 27 jusqu'à l'entretoise horizontale au sommet du quatrième panneau, à compter à partir de ce montant ; au-dessous de ce point, l'intrados est vertical, comme l'extrados.

La hauteur totale de la section est de 5^m,156, mesurée le long du montant 27, et de 1^m,626 à la base du panneau triangulaire ayant l'axe de la rotule inférieure pour sommet.

Les cornières d'extrados sont en 127 × 102 × 13; et la plate-bande en 305 × 14; l'âme dans les deux panneaux supérieurs est en 406 × 16.

Les cornières d'intrados sont en 152 × 102 × 13 ; les plates-bandes, de 406 millimètres de largeur, sont au nombre de trois, et présentent une épaisseur totale de 38 millimètres. Il existe également un couvre-joint de 14 millimètres au panneau supérieur.

Les trois panneaux inférieurs sont à âme pleine de 16 millimètres d'épaisseur. La dernière entretoise horizontale est formée par deux cornières de 152 × 152 × 16, disposées de part et d'autre de l'âme. Le montant 27 se compose de quatre cornières de 127 × 89 × 11 et d'une âme en 254 × 16. Les autres montants sont en cornières de 152 × 152.

On remarquera que la dernière diagonale est placée dans une direction opposée à celle des autres panneaux. Cela tient à ce que l'effort de compression est dirigé suivant sa direction. Il est vrai que le même raisonnement serait exact pour presque toutes les diagonales de retombées, et ce n'est certainement que la faiblesse relative des efforts que ces autres diagonales ont eu à supporter qui a amené le constructeur à conserver l'inclinaison du tracé. L'œil n'est d'ailleurs pas choqué par ce changement brusque de direction, le dernier panneau étant masqué par des pièces ornementales en fonte.

Tirants.

Les tirants horizontaux de chaque arc sont formés par deux séries de plats en acier, fabriqués sur sole acide, chaque plat ayant 9^m,144 de longueur. Les différents tronçons sont réunis entre eux par des axes en acier qui, dans les fermes courantes, ont 121 millimètres de diamètre. Les tirants sont suspendus de place en place aux poutres du plancher. Les plats en acier ont 127×32 dans les fermes courantes, en 178 × 36 1/2 dans les fermes n° 1, et en 127 × 25 dans la ferme n° 20. La ferme n° 1 supporte en effet non seulement son poids propre, celui du rideau vitré, et la moitié des charges et surcharges entre son axe et l'axe de la ferme immédiatement voisine, mais encore une partie des charges et surcharges provenant du portique attenant à la salle d'attente commune. Quant à la ferme n° 20, l'autre ferme de tête, elle ne comporte, exception faite du rideau vitré, que la moitié des charges et surcharges d'une ferme courante, d'où la réduction des dimensions des tirants

Nature et poids des fermes.

Les fermes, arcs et retombées sont en fer; les tirants, comme il a été dit plus haut, sont en acier fabriqué sur sole acide.

Le poids d'une ferme courante est de 62.600 kilogrammes, non compris 7.400 kilogrammes, poids des tirants. Le poids total est donc de 70.000 kilogrammes.

L'ossature métallique des vingt fermes, y compris le poids des tirants, est sensiblement égale à 3.175.000 kilogrammes.

Efforts intérieurs.

La compression maximum au sommet des fermes, égale et de sens contraire à la tension des tirants inférieurs, est de 109.800 kilogrammes, se décomposant comme suit :

Effort provenant du poids mort.	57.600 kilogr.
— dû à la surcharge neige	26.800 —
— — — vent	25.400 —'
Total.	109.800 kilogr.

La pression maximum du vent, admise dans les calculs, est de 171 kilogrammes par mètre carré.

La compression que produirait le vent, s'il agissait seul sur la ferme, est d'environ 51.300 kilogrammes sur les tirants inférieurs. La tension produite sur ces mêmes plats d'acier par le poids mort, étant 57.600 > 51.300, aucune précaution particulière en vue de cette compression n'est nécessaire.

Le calcul des fermes de la charpente de Jersey-City avait conduit à un résultat plus désavantageux pour le constructeur; l'excès de compression due au vent, sur la tension due au poids mort, était de 3.600 kilogrammes environ. Les tirants se composaient de fers doubles I de 305 millimètres de hauteur; les joints étaient formés par des contre-joints d'âme et des contre-joints d'ailes; le tout était noyé dans du béton.

Dans le cas actuel, les charges étant supposées symétriques, les membrures intrados et extrados près le sommet de l'arc sont comprimées; la courbe des pressions coupe la membrure inférieure dans le voisinage du nœud n° 15 à partir de ce point, l'intrados est est donc comprimé, l'extrados tendu.

Il résulte des diverses combinaisons dissymétriques des charges que les membrures inclinées du dernier panneau triangulaire des retombées peuvent subir simultanément des efforts de compression, quoique les rivets d'attache de la base du triangle ne soient jamais exposés à des efforts de tension.

Couverture.

Les cours de pannes longitudinales s'attachent sur des goussets aux montants 3, 5.... 27. Les deux cours de pannes près des montants 3, les plus voisines du lanterneau, ont toute la hauteur de l'arc, soit environ 2m,14, et sont composées de deux membrures, l'une supérieure, l'autre inférieure, réunies par un système diagonal en croix de Saint-André. Les autres pannes ont une hauteur hors cornières uniforme, soit 1m,219. Le treillis est un simple système en N. La largeur de 10m,36 sous lanterneau est laissée complètement libre.

Il existe deux fermes-chevrons divisant en trois parties, sensiblement égales, l'intervalle de deux fermes consécutives. Ces fermes-chevrons sont composées :

1° A l'intrados, d'une section en forme de double I, comprenant :

1 âme de 307 × 8;

4 cornières de 89 × 76 × 10.

2° A l'extrados, de deux membrures contenant chacune deux cornières de 76 × 64 × 8, réunies par un treillis en **N** en cornières de 64 × 64 × 6.

Entre les montants 9 et 11, et 21 et 23, les fermes-chevrons forment montants composés de poutres parallèles à la couverture, et dont les membrures, supérieure et inférieure, composées également, sont les pannes elles-mêmes; les diagonales de ces quatre poutres (deux de chaque côté du sommet de l'arc) sont en fer carré de 22 millimètres de côté. Les poutres s'étendent d'une extrémité à l'autre entre les fermes de tête; les fermes-chevrons, agissant sur elles partie par compression, partie surtout par tension, leur transmettent les charges qu'elles reçoivent elles-mêmes des pannes, et les poutres reportent ces charges aux fermes principales.

La couverture est formée par des feuilles de cuivre fixées sur un voligeage en pin jaune, à languettes et rainures de 3 centimètres d'épaisseur, reposant sur des chevrons également en pin jaune, cintrés ou découpés suivant la courbure voulue. Ces chevrons en bois sont portés par des pannes en fer

Rideaux vitrés.

Nous avons dit plus plus haut que chaque ferme principale était en réalité formée de deux fermes jumelles, écartées de $2^m,743$ d'axe en en axe, et que les fermes de tête ne faisaient pas exception à cette règle.

Sur la planche 66-67, est représentée une moitié de la ferme 19, une moitié de la ferme 20, dont l'ensemble forme la ferme de tête. Le rideau vitré de la ferme 20 se compose de barres verticales et horizontales partant des points de division de l'intrados de 1 à 23 et de 1 à 25. L'horizontale du nœud 25 est située à une hauteur de $10,^m973$ au-dessus de la ligne des tourillons inférieurs. Des points de division de l'intrados de 19 partent seulement des barres verticales, réunies aux barres correspondantes de la ferme 20 par un entretoisement horizontal et un contreventement diagonal; la seule membrure horizontale est celle 25-25.

Une disposition identique est adoptée pour les fermes de tête 1 et 2, à l'extrémité est de la charpente.

La pression du vent est très considérable sur les immenses faces vitrées de ces fermes, et nécessite des précautions spéciales. Au niveau des nœuds 25 est une poutre horizontale de **contrebutée**, près chaque ferme de tête. A l'extrémité ouest de la charpente, là surtout où l'effet de la pression est à redouter, cette poutre affecte dans son ensemble la forme d'arête de poisson, ayant 5^m,105 en son milieu, et 3^m,181 aux points d'attache. La longueur de la poutre est de 79^m,25 environ; elle est composée de deux membrures mixtilignes, dont les montants (ici entretoises horizontales) sont placés au droit des divisions d'intrados, et reçoivent l'attache des barres verticales du vitrage, et dont les treillis sont en croix de Saint-André.

Chaque membrure comprend une âme de 330 × 13, deux cornières de 152 × 102 × 12, et des plates-bandes de 380 × 10 en nombre variable (trois au milieu, une seule aux extrémités de la poutre). Les montants sont formés par deux cornières de 102 × 89 × 10, les diagonales de la partie centrale par une cornière de 127 × 127 × 10, et celles des extrémités par une cornière de 152 × 152 × 13.

Près les fermes de tête 1 et 2, à l'est de la charpente, là où celle-ci est protégée du vent, dans une certaine mesure, par la présence du bâtiment même de la gare, et plus effectivement par le portique qui réunit la charpente à ce bâtiment, la poutre horizontale de contrebutée a deux membrures parallèles, précisément écartées de la distance (2^m,743) entre les fermes jumelles 1 et 2. La composition de cette poutre est la même que celle à l'extrémité ouest.

Les figures représentent également les détails de l'assemblage de la poutre de contrebutée sur l'intrados des fermes principales. L'assemblage de droite est celui côté Market Street, fermes 19-20, à l'ouest de de la charpente; celui de gauche appartient au côté Filbert Street, fermes 1-2, côté est. Comme on le voit, chaque membrure s'attache sur un gousset triangulaire fixé lui-même sur la membrure inférieure de la ferme par deux cornières et une plate-bande; le gousset a 16 millimètres d'épaisseur. La plate-bande a 13 millimètres. Ces goussets aux fermes 19-20 sont réunis par une entretoise formée d'un large plat de 419 × 14 et deux cornières de 127 × 89 × 10, et aux fermes 1-2 par deux cornières de 89 × 76 × 10 seulement.

Les extrémités des membrures des poutres de contrebutée portent des semelles de 929 millimètres de largeur avec rivets fraisés. Ces semelles glissent dans des rainures, vues en coupe sur la figure, et sont maintenues en place latéralement et verticalement. La pression totale du vent est estimée à 900.000 kilogrammes environ sur la face vitrée d'une des fermes de tête; les réactions sur les montants extrêmes sont donc de 450.000 kilogrammes.

En vue de répartir avec le plus de sécurité possible une telle pression sur les fermes 17-18, et de là sur toutes les autres, les pannes de $1^m,219$ de hauteur des fermes courantes aux nœuds 25 sont remplacées, entre les fermes 19 et 18, par des entretoises de toute la hauteur des fermes en ces points, soit $4^m,57$ environ. Par cette disposition, et en renforçant l'entretoisement entre les mêmes fermes, la pression du vent à l'extrémité ouest se trouve répartie sans danger sur les fermes voisines (19-20). Ces dernières sont elles-mêmes renforcées dans leur entretoisement longitudinal par la substitution de barres cornières, rivées ensemble, à leur intersection, aux légers fers carrés existant aux autres fermes.

Les autres figures représentent l'échafaudage mobile et l'ensemble des anciennes charpentes, dont la plus grande mesurait seulement $26^m,530$ de largeur. Nous ne nous attarderons pas sur la description de cet échafaudage sur lequel nous ne possédons que des données incomplètes.

Dans cette étude d'ailleurs, où les dessins de détail manquent complètement, nous nous sommes efforcés de fournir au lecteur toutes les autres données lui permettant néanmoins de se faire une juste idée de l'ouvrage. Nous résumerons au contraire beaucoup la description de la gare du Philadelphia et Reading à Philadelphie, que nous allons aborder, les dessins de détail étant donnés pour la plupart.

La nouvelle station du Philadelphia and Reading Terminal Railway à Philadelphie

(Planches 68 à 79)

La charpente en fer de la gare du Philadelphia and Reading Terminal Railway est, de toutes les charpentes ayant un caractère permanent, la plus large du monde sans appuis intermédiaires. Elle se classerait immédiatement après celles du Palais des Manufactures à Chicago, et de la Galerie des Machines à Paris, si on considérait tous les combles construits jusqu'à ce jour. Le tableau de la page 154 permet au lecteur de la comparer avec les autres charpentes de très grande ouverture.

La disposition des voies et du bâtiment de la gare du Philadelphia et Reading à Philadelphie, est représentée page 163. Le bâtiment principal à huit étages, de 81^m,227 de longueur, sur la façade Market Street, a une profondeur de 30^m,479 parallèlement à la 12e Rue, et est construit entièrement sur le style Renaissance. Les trains débouchent par un elevated au niveau du deuxième plancher de la gare. L'espace au-dessous des voies, entre Market Street et Filbert Street, est occupé par les divers services de la voie, tandis qu'entre Filbert Street et Arch Street est installé un marché public.

Nous nous bornerons ici à l'étude de la très belle charpente dont voici les dimensions principales :

Longueur	154^m,430
Largeur.	81 ,076
Entre axe des tourillons inférieurs. . . .	78 ,942
Distance verticale entre tourillons	26 ,820

et dont les planches 68 à 79 représentent en détail toutes les parties.

La couverture en zinc, posée sur voligeage en bois, ainsi que l'ossature métallique, pannes, chevrons..., est supportée par dix fermes principales, composées en réalité de deux fermes chacune, ces dernières étant espacées de 1^m,521 d'axe en axe. L'intervalle entre deux fermes principales consécutives varie depuis 15^m,345 (pl. 72) (fermes 5 à 6) à 13^m,491 (8 à 10) et 20^m,447 (1 à 5 et 6 à 8), et est divisé en trois parties, sensiblement égales, par deux fermes-chevrons rivées sur les cours de pannes ou sur les sablières de rive ; chevrons, pannes et sablières, sont formés par des poutres à double membrure, réunies par des treillis en N, et sont indiqués en détail sur les dessins. L'ensemble d'une travée (travée d'about) en voie de montage est représenté par la vue perspective de la planche 68 qui permet de saisir également l'agencement des différents éléments de la charpente. Les travées courantes sont dépourvues du contreventement diagonal figuré par la vue perspective entre les extrémités de deux pannes consécutives ; ce contreventement est conservé seulement entre le cours de pannes le plus rapproché des retombées des fermes et la sablière longitudinale voisine. La poutre bowstring et les pylônes spéciaux de contreventement de la ferme de tête, côté Arch Street, seront étudiés plus loin en détail, mais on les voit également sur la vue perspective de la planche 69. Le quadrillage formant rideau vitré des fermes de tête est représenté par le schéma page 163, l'assemblage des verticales sur l'intrados de l'arc étant indiqué aux dessins de détail.

Chaque ferme principale est composée de deux arches parallèles, réunies par un entretoisement horizontal et un contreventement diagonal. Nous avons dit plus haut que ces arches étaient espacées de $1^m,524$ d'axe en axe ; elles sont formées de fers plats et cornières avec joints rivés, et sont divisées du tourillon supérieur, au sommet de l'arche, au

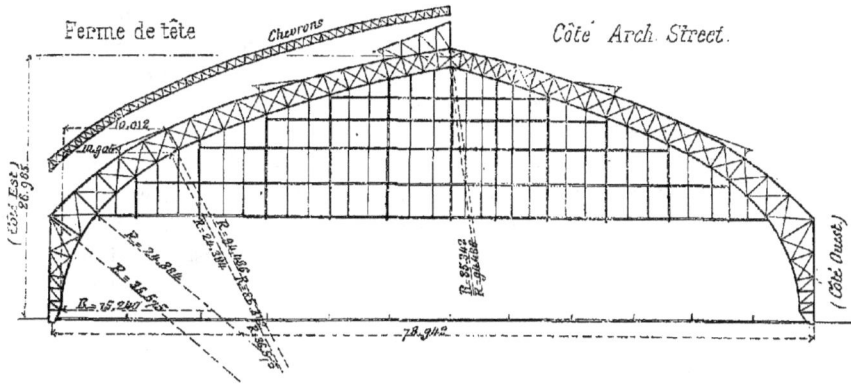

Ferme de tête   Chevrons   Côté Arch. Street.

tourillon inférieur en vingt-quatre panneaux. Une des caractéristiques des fermes du Philadelphia and Reading, à Philadelphie, réside

Plan général des voies.

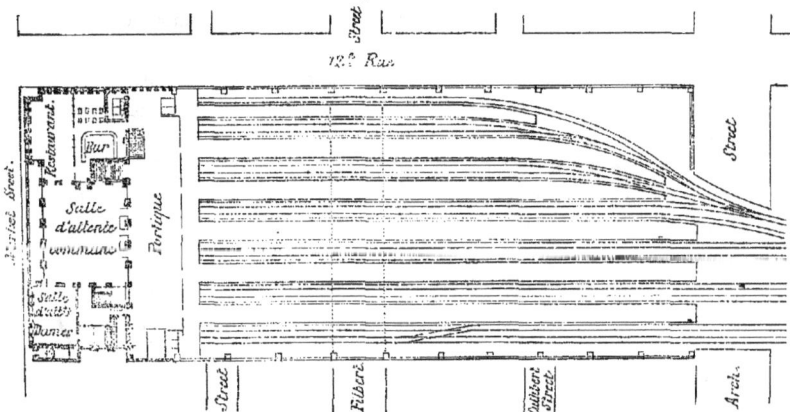

dans ce fait que l'intrados et l'extrados ne sont pas composés — tels ceux de la charpente de Jersey-City — par des éléments rectilignes. Chaque élément est en effet cintré suivant le rayon de courbure qui lui correspond, ce qui a demandé un soin tout particulier du constructeur.

Dans la partie tendue des fermes, soit vers le sommet de l'arc, les divers éléments d'une membrure sont coupés à une certaine distance les uns des autres; dans la partie comprimée, au contraire, tous les éléments sont compris dans la même section, sauf la dernière plate-bande qui forme en partie couvre-joint.

Nous ne décrirons pas ici la ferme dans ses différentes parties, les dessins très complets suppléant à ces indications. Les efforts dus à la charge permanente, aux surcharges de neige et de vent, dans les différentes hypothèses, sont inscrits sur le schéma des planches nᵒˢ 74-75. Aucune précaution spéciale n'est à prendre en vue d'une compression possible dans les deux tirants entre tourillons inférieurs, en 102×38, l'effort dû à la charge permanente surpassant l'effort du vent, dans les conditions les plus défavorables, de 6.330 kilogrammes. Le signe $+$, dans le tableau des planches 74-75, dénote l'effort à la tension.

Les cours de pannes longitudinales, sur lesquelles sont fixés le voligeage et la couverture en zinc, sont au nombre de onze, y compris le cours de pannes faîtières. La longueur de ces pannes est de $13^m,643$; leur section, en forme de double I, est composée de quatre cornières de $127 \times 89 \times 89$ à $17^k,38$ le mètre linéaire, réunies par un treillis en N formé par des cornières de 76×64 à $8^k,44$; la hauteur hors cornières est de $1^m,219$.

Les fermes-chevrons, écartées d'axe en axe de $4^m,623$, sont au nombre de deux, entre deux fermes principales consécutives. Elles sont rivées sur deux cours de pannes ou bien sur un cours de panne et une sablière de rive. Il est prévu à leur sommet un dispositif de dilatation.

Avant de passer à l'étude du contreventement, près la ferme de tête côté Arch Street, nous placerons ici quelques extraits du cahier des charges.

Le fer employé dans les diverses parties de l'ouvrage doit être fibreux, bien homogène, ne présentant aucune crique ou soufflure. Il sera travaillé avec le plus grand soin, et devra être capable de résister à une force de tension minimum de $33^k,79$, l'essai étant fait sur la barre choisie même, et non pas sur une éprouvette en provenant. Cette force sera abaissée à 32ᵏ,38 pour les tôles d'une largeur supérieure à 0ᵐ,610. Dans le premier cas, la limite d'élasticité ne pourra être inférieure à 18ᵏ,30.

Tout le fer destiné à subir des efforts de tension, ainsi que les âmes des diverses sections, doit présenter, quand sa largeur n'excède pas 0ᵐ,610, un allongement élastique minimum de 10 %, mesuré sur des éprouvettes de 0ᵐ,203 de longueur après rupture; dans les mêmes conditions, les tôles, d'une largeur supérieure à 0ᵐ,610, doivent présenter un allongement élastique minimum de 5 %.

L'ingénieur, chargé de la vérification et de la réception des matières, devra refuser les échantillons ou barres terminées qui, soumises sur sa demande, à des épreuves de rupture, se briseraient près les extrémités ou aux tourillons d'attache.

Des bandes de 38 millimètres de largeur seront découpées dans les barres destinées au travail à la tension, et soumises à des épreuves de pliage à froid. Aucune fissure ne devra se manifester par la formation d'un angle droit, et le rayon de courbure de la partie fléchie ne pourra dépasser le double de l'épaisseur de l'échantillon soumis à l'essai. Les différents éléments, plats, cornières,.., destinés à être cintrés, pourront de plus être pliés à angle droit, à chaud, sans présenter aucun risque de fracture.

Le métal des rivets sera le fer doux, et les tiges des rivets pourront être pliées sur elles-mêmes à 180° sans présenter des fissures du côté convexe.

Les tourillons de 114 millimètres de diamètre, et au-dessous, pourront être en acier laminé ; ceux d'un diamètre supérieur seront forgés.

Nous examinerons maintenant les procédés de construction à l'atelier et au chantier, en complétant tout d'abord les renseignements donnés ci-dessus sur le contreventement côté Arch Street.

Les détails de la poutre de contreventement, placée au niveau des reins de la ferme de tête, côté Arch Street, sont représentés planche 72. Cette poutre, en forme de solide d'égale résistance, a une hauteur d'environ 1ᵐ,524 (écartement des deux axes de la ferme de tête) aux extrémités, et 4ᵐ,877 en son milieu. Elle prend attache sur la ferme de tête par une âme (ou diaphragme) de 1ᵐ,422 × 8 ayant 4ᵐ,558 de longueur, rivée sur les diagonales, et se compose de quatre membrures réunies entre elles par un système horizontal en N. Les deux membrures intérieures sont parallèles ; les membrures extérieures sont à double courbure. L'ensemble est suspendu à la ferme de tête par une série de poutres verticales, rivées à la membrure intrados de la ferme, et portant à leur partie inférieure un gousset vertical attaché par des cornières aux diverses membrures de la poutre horizontale.

Construction à l'atelier.

Vu les dimensions considérables de la charpente, le travail d'atelier et le montage au chantier ont présenté des difficultés particulières, augmentées encore par ce fait que l'intrados et l'extrados sont formés, comme il a été dit plus haut, non pas de parties rectilignes, mais présentent en chaque point le rayon de courbure résultant du tracé.

L'atelier a dû tracer à la craie, sur le plancher de l'épure, la moitié de l'arc, à la fois comme lignes principales et de détail. Les cornières ont été cintrées à froid, et les âmes ont reçu leur courbure à chaud, à la manière des plaques de navire. Le problème à résoudre est au fond le même que celui d'un tracé de courbe de chemin de fer, mais la difficulté est rendue plus grande par la petitesse des angles et des cordes successives, et par le degré d'exactitude demandé. Il a été résolu, en calculant les coordonnées polaires des différents points, par rapport : 1° au point de l'extrados, à l'intersection de la partie verticale et de l'axe, pour les points entre les reins et le milieu de l'arc ; 2° au sommet de l'arc pour les points entre le milieu de celui-ci et le sommet lui-même. L'opération pratique a été faite à l'aide d'une lunette méridienne, et les deux courbes tracées se sont raccordées à moins de un millimètre et demi près.

Montage au chantier.

Les planches nᵒˢ 76 et 77 représentent en ensemble et détail la grue et l'échafaudage mobiles ayant servi au montage des diverses parties de l'ossature métallique. L'échafaudage est porté par des trucks courant sur des voies parallèles à la longueur de la charpente, ce qui a permis le montage de ferme en ferme. La grue, comme l'indiquent les dessins, est portée sur des voies courant sur l'échafaudage même, dans un plan perpendiculaire à ce dernier. La combinaison des deux mouvements permet une mise en place à la fois facile et rapide. La volée de la grue mesure 18ᵐ,440, longueur suffisante pour le montage de deux fermes ; son influence est contrebalancée par le poids des machines et une quantité de rails suffisante placée du côté opposé.

Le montage a été fait symétriquement, c'est-à-dire que les demi-arcs d'une ferme ont été élevés de part et d'autre, comme on le voit d'ailleurs sur la vue perspective représentant les deux premières fermes, côté Arch Street, en cours de montage. Le déplacement de l'échafaudage mobile nécessitait quarante minutes environ.

L'ossature métallique a été exécutée, et le montage fait par la Pœnix Bridge Company de Phœnixville (État de Philadelphie), qui a étudié également l'échafaudage et la grue mobile. Le projet de la charpente est dû à MM. Wilson frères, de Philadelphie.

CHAPITRE XV

CONSTRUCTIONS CIVILES

Note sur les constructions civiles

(Planches 80-81-82)

Tout le monde a entendu parler de maisons a vingt-huit étages, construites dans différentes villes des États-Unis, et très souvent on a été
conduit à les considérer comme des tours de force ou de vanité, ou de
la manie de faire grand tant reprochée aux Américains.

Nous croyons que ces reproches sont immérités; ces grandes maisons
répondent en général à un besoin ou à une raison impérieuse. Il faut
bien le dire, jamais, dans l'esprit du constructeur, ces grandes maisons
n'ont été destinées à être habitées : ce sont au contraire des bureaux,
des magasins, des agences, ou encore des administrations financières,
des journaux, etc.

Le confort de l'existence dans les administrations est tout autre qu'en
Europe. Tout bureau doit être muni d'ascenseur, de monte-charge, d'un
chauffage à vapeur, d'un service télégraphique, d'éclairage électrique,
toutes choses qu'on ne peut avoir qu'à la condition de centraliser les
installations en leur faisant profiter d'un outillage complet et perfec-
tionné.

La crainte des incendies si fréquents aux États-Unis a ainsi poussé à
construire de grands immeubles indépendants des autres constructions,
occupant tout un bloc, et à n'employer que des matières tout à fait in-
combustibles; de pareilles constructions coûtent fort cher; on n'est
arrivé à diminuer le prix du loyer de chaque appartement qu'en en
augmentant le nombre, c'est-à-dire en multipliant les hauteurs.

Enfin, il y a eu souvent, à côté de tous ces motifs, une raison de spé-
culation sur le terrain; ainsi à Chicago, les terrains étant très cher, il se
produisait un déplacement de la population vers le Sud; en multipliant

le nombre des étages, on est arrivé, pour un prix donné de terrain, à ne pas élever le prix des loyers.

Dans certains cas, pour des hôtels par exemple, il y a eu, en outre de la préoccupation d'utiliser le mieux possible le terrain, le désir de faire très grand, plus grand que le voisin.

Au point de vue esthétique, il est certain qu'en général les constructions sont fort laides, d'autant plus que l'architecture allemande, qui prédomine, s'arrange mal avec de pareils bâtiments. Le goût allemand est déplorable dans la décoration de ces maisons, très difficiles à habiller, il faut bien le dire.

Puis, il est impossible d'accroître tout dans la proportion des dimensions générales de la construction; il en résulte qu'une porte, si grande qu'elle soit, n'a plus l'air que d'une entrée de galerie de mine quand elle est pratiquée dans une pareille façade; les étages ont la même hauteur; il faut donc, ou cribler la façade d'une multitude de fenêtres, qui n'ont plus l'air que de meurtrières, ou faire des fenêtres communes en hauteur à plusieurs étages, et la décoration tourne forcément à celle d'une église; si on se sert de pierre, il faut donner à la taille des dimensions colossales, et alors si, comme cela se fait souvent, la pierre de taille est en bossage brut, et d'un brut exagéré, on arrive à un ensemble très lourd, très sombre, comme l'Auditorium à Chicago.

Cependant, quant au contraire le constructeur a du goût, lorsqu'il cherche du côté de la céramique la matière destinée à constituer l'enveloppe, on peut arriver à des constructions qui ne manquent pas d'une certaine valeur artistique, et nous pouvons affirmer qu'un architecte habile et de goût arriverait facilement à faire disparaître le caractère disgracieux qu'on est habitué à voir dans ces constructions.

Mais, si au lieu d'examiner ces édifices au point de vue de l'art seul, on pénètre dans les détails de la construction, on reconnaît vite qu'on se trouve vis-à-vis d'une solution élégante de la construction des édifices, et que cette solution mérite d'attirer l'attention des architectes, qui trouveront le plus grand intérêt à en étudier tous les détails, à s'en pénétrer de manière à pouvoir l'appliquer souvent dans certaines de nos constructions spéciales.

Nous donnerons comme exemple un des plus complets que nous ayons rencontrés, et des plus récents, puisque la construction n'en était pas terminée en décembre 1893.

Il s'agit d'une maison destinée à être occupée par des bureaux et des administrations financières, construite à Chicago. Cette maison appartient à M. Bartlett de Boston, et la direction des travaux et les études en ont été confiés à MM. Holabird et Roche, architectes. L'entreprise a été traitée par la Compagnie Fuller (pl. 80-81).

Cette maison consiste en un squelette d'acier supportant des parois en briques, ciment, terre cuite, etc., etc., aucun mur ne se portant lui-même. Chaque mur est supporté par une carcasse métallique. Un des points les plus intéressants, à notre avis, était la construction d'une partie de l'édifice en partie en porte-à-faux.

Dès l'origine des études, on s'est trouvé vis-à-vis d'une difficulté : le terrain était limité sur trois côtés par trois rues, mais le quatrième était occupé par le mur d'une ancienne construction en briques à six étages. On aurait bien pu reprendre en sous-œuvre le mur et le renforcer par des colonnes métalliques, mais, aucun accord n'ayant pu intervenir, on s'est décidé à construire une fondation spéciale, et, pour ne pas perdre ainsi de la place, le mur de la partie inférieure de la maison a été construit en porte-à-faux.

La plate-forme des fondations est constituée par des aciers profilés noyés dans du béton de ciment de Portland. Les surfaces sont calculées de manière à ce que la charge par centimètre carré ne dépasse pas $1^k,7$, y compris le poids des fondations elles-mêmes. Cette limite du coefficient de charge a forcé à mettre trois colonnes sous chaque poutre de porte-à-faux sur les façades des rues.

Tableau n° 1.

DÉTERMINATION de la RÉPARTITION DES CHARGES SUR LES COLONNES	NUMÉROS DES COLONNES	
	8 et 25	7 et 26
Poids des étages	110ᵗ,630	292ᵗ,500
Poids des colonnes et de la toiture. .	27 ,200	27 ,200
Poids des murs de refend . . .	83 ,000	125 ,000
Ossature extérieure. . . .	93 ,300	126 ,150
Ossature des fenêtres . . .	5 ,800	8 ,200
Cloisons.	12 ,200	»
Poids des balcons.	3 ,125	4 ,750
Charge due au porte-à-faux	59 ,150	59 ,150
Charge totale.	394ᵗ,465	642ᵗ,950

Nous donnons dans les planches le détail des lits de fondation avec la disposition des fers; nous donnons également le détail d'une poutre en porte-à-faux reposant sur des piliers.

Nous donnons ci-dessus le tableau des charges supportées par les colonnes, décomposé en éléments, et dans le tableau n° 2 nous indiquons la détermination des charges sur la base des fondations.

Le poids des fondations est considéré comme réparti sur l'axe de la colonne; ceci n'est pas théoriquement exact, mais pratiquement on peut accepter cette manière de calculer.

Au point de vue des charges, dans le cas qui nous occupe, les prévisions ont été dépassées mais d'une quantité insignifiante.

Tableau nᵘ 2

Nᵒ des colonnes	Charge totale sur le soubassement des colonnes	Charge vive	Charge permanente	Poids des fondations	Poids total	Surface du terrain chargé par la fondation
9	45ᵗ,16	95ᵗ,2	256ᵗ,45	67ᵗ,03	418ᵗ,48	28ᵐ²,256
10	495,3	161,85	333,47	53,36	386,82	21,762
11	627,7	179,60	448,05	71,68	519,68	29,232
22	646,0	187,50	458,5	73,36	531,86	29,216

Dans l'étude, on fit beaucoup d'efforts pour arriver à faire coïncider sur la verticale les centres de gravité des charges avec ceux des surfaces de repos, sans dépasser la charge par centimètre carré qui avait été admise en principe. Mais on ne put y arriver, et la verticale des centres de gravité des charges tombait de 0,13 en dedans, par rapport au mur de séparation.

Après dix mois, la moyenne des tassements des colonnes, a été de 0ᵐ,10.

Nous devons toutefois donner quelques mots d'explication : Chicago est bâti sur des terrains très mobiles, sables fluents qui sont recouverts d'une couche d'argile qui cède facilement sous la pression, d'où la nécessité de constituer au préalable une couche artificielle répartissant la pression sur cette argile plus ou moins plastique.

Les sables fluents, interdisant l'emploi de pilotis, c'est ainsi que toutes les immenses constructions de Chicago ont été fondées. En somme, cette manière de procéder, ne présente aucun danger avec des maisons à carcasse métallique, et la Maison Maçonnique, l'Auditorium, etc., etc., se comportent parfaitement.

Pratiquement, ces tassements étaient prévus et attendus, et, une fois la maison achevée, il est absolument impossible de constater aucune dénivellation.

La carcasse entière est en acier, les colonnes sont du type Phœnix, à section circulaire, le contreventement est fait par des arcs métalliques à âme pleine. Cette disposition a pour avantage de ne gêner en rien la distribution intérieure ni l'éclairage.

Toute l'ossature devait d'abord être faite en fers Z, mais, à la suite d'une grève survenue dans les usines Carnegie, qui avaient reçu la commande, on fut obligé de s'adresser à l'usine Phœnix, et on fut obligé d'employer le type de colonnes de cette usine; il y a eu beaucoup de difficultés à l'origine pour adopter le système de fixation étudié avec les fers en Z. Enfin, après plusieurs semaines d'études, on arriva à proposer le système dont nous donnons le croquis dans les planches. Cet assemblage a donné toute satisfaction. (Voir pl. 80-81.)

Partout où il a été nécessaire d'employer des goussets, ceux-ci ont été rivés avec les éléments constituant la colonne, des fourrures d'épaisseur convenable étant placées entre les emboutis de ces piles.

Une des pièces les plus importantes était la semelle qui recevait la base de la colonne. Les types furent ramenés à six, et des matrices spéciales furent fondues pour pouvoir étamper les pièces et avoir une fabrication régulière.

On a pris des précautions spéciales pour soustraire la carcasse métallique à l'action directe du feu en cas d'incendie, car, si l'acier est incombustible, il ne peut impunément supporter une température élevée sous des charges aussi fortes, et il faut éviter qu'une pièce ne vienne à rougir. Aussi l'armature est du côté des rues de 0^m,60 en arrière de la façade, et chaque colonne est entourée d'une cloison protectrice de 75 millimètres d'épaisseur, protection complétée par un mur de brique de 0^m,325 d'épaisseur.

A première vue, ces précautions peuvent sembler exagérées, car on a l'exemple de maisons à armatures en acier, soumises à des incendies si violents, que le métal restait à nu, et cependant sans fléchir; mais, quand on songe que le bâtiment entier coûte la somme considérable de

6.250.000 francs, et renferme en moyenne 3.000 employés, on ne peut blâmer les architectes.

Nous pensons devoir compléter cette courte étude de l'emploi du métal dans ces grandes constructions en faisant une courte incursion dans le domaine de l'architecture, qui, dans ces genres d'édifices, est bien près d'abdiquer ses droits à la production du beau.

Parmi les plus laids de ces édifices, nous citerons le Columbus Building. Le terrain occupé par la maison est de 31 mètres sur 34; les étages sont au nombre de 14, et la hauteur totale, y compris la tourelle du campanille, est de 73 mètres. Le style est soi-disant du renaissance espagnol (pl. 82).

Toute la carcasse est en acier; la partie inférieure, le rez-de-chaussée et l'entresol, destinés à être occupés par des boutiques, est revêtue de plaques de bronze, et la partie supérieure en terre cuite d'une nuance très claire jaune; les sept étages supérieurs sont aménagés pour des cabinets de consultation de médecins; une bibliothèque médicale est également installée à l'étage supérieur, et une salle a été réservée pour installer un muséum.

C'est là une idée répandue à Chicago de centraliser les industries dans le même bâtiment : dans l'un, on ne trouve que des sociétés minières, de représentants d'usines construisant des appareils de mines, des ingénieurs consultants des mines, des banques s'occupant d'affaires minières, des bureaux de journaux miniers; dans une autre, il n'y a que des sollicitors, des avocats, etc., etc. Là il y aurait, nous ne pouvons dire il y a, car nous ignorons si aucun désaccord entre confrères n'est survenu, une cité médicale.

Quatre ascenseurs desservent les différents étages; l'installation comprend en outre tout un système mécanique : machine à vapeur, dynamos, compresseurs pour les ascenseurs et monte-charges, chauffage, etc. Toutes les canalisations sont masquées dans les colonnes soutenant l'édifice.

L'Ellsworth Building, Jearborn Street, occupe une surface de 23 mètres sur 23, a 14 étages et 51,50 de hauteur; toute l'ossature est en acier en Z, et les parois en terre cuite pour les ornements, et en brique pour les murs. Les cloisons, séparations, planchers, tout est en brique. Cependant, il y a beaucoup de boiseries en bois naturel pour décorer les murs; les halls sont pavés en marbre (pl. 82).

Marshall Field Building, au coin de Washington et de Wabarh avenues, occupe une surface de 35 mètres sur 53. Elle n'a que neuf étages. Les quatre étages supérieurs sont occupés par des magasins, tandis que les étages supérieurs sont loués en bureaux et offices. L'intérieur est en marbre jusqu'au troisième étage, et au-dessus en céramique.

L'intérieur est décoré avec un grand luxe, et c'est certainement une des plus réussies de toutes ces maisons monstres, peut-être précisément parce qu'elle est beaucoup moins haute; l'ensemble est lourd certainement, mais n'a rien de désagréable à l'œil; l'ossature est excessivement forte et en acier Z.

Teutonic Building, situé au coin de la 3° Avenue et de Washington Street, n'a que 20 mètres sur 20, et 51^m,40 de hauteur; le style est du renaissance allemand; les parois sont en brique et en terre cuite; l'ossature est composée de cornières et de tôle d'acier; les fondations se composent de lits de rails noyés dans du béton de ciment, la charge atteint 3 kilogrammes par centimètre carré sur ce sol (pl. 82).

Le contreventement est limité aux murs extérieurs.

L'intérieur comporte un grand développement de garniture en marbre, en mosaïque, etc., etc.

YMCA Building est située au coin sud-ouest de la Salle Street et de l'Arcade Court, a 16^m,2 sur 50,40; toute l'ossature est en acier, et les murs formés, ou de plaques de céramique ou de placages en pierre.

La construction renferme une salle de conférence, une piscine de natation, un gymnase, le reste du bâtiment est destiné à la location (pl. 82).

Nous n'avons point parlé, comme on le voit, des plus grands édifices; c'est que nous avons pensé qu'ils étaient déjà trop connus; mais il nous paraissait intéressant d'indiquer, qu'à côté de ces constructions exceptionnelles, il se contruisait, d'une manière courante, des maisons d'une dimension très considérable, et composées uniquement d'une ossature en métal, supportant non seulement les planchers et les toitures, mais encore les murs, et, en un mot, toute la construction, les charges étant réparties sur le terrain par l'entremise des colonnes, reposant elles-mêmes sur une surface artificielle présentant une certaine élasticité, et composée de poutrelles d'acier noyées dans du béton.

Fondations à l'air comprimé du bâtiment à 16 étages de la Compagnie d'assurances sur la vie Manhattan, à New-York City

(Planche 83.)

Le procédé de fondations par caissons foncés à l'air comprimé, universellement employé à l'heure actuelle pour les phares, ou des piles de pont d'une grande hauteur, a été appliqué pour la première fois en 1893, par MM. Sooysmith et Cᵒ, de New-York, sous la direction de MM. les architectes Kinsball et Thompson. A proprement parler, cela ne constitue pas une nouveauté, mais cette application d'un ancien procédé à un nouvel usage est néanmoins des plus intéressantes.

Pour les phares ou les piles de ponts, on n'a, en effet, aucun souci du voisinage; le constructeur dispose d'un emplacement qu'il peut rendre indéfini; ces grandes facilités lui font complètement défaut dans l'application du procédé de fondations par caissons foncés à l'air comprimé aux grands bâtiments. L'espace est ici fort limité, et, dans la plupart des cas, des édifices lourds et importants forment le voisinage immédiat du bâtiment à construire.

La figure 1, de la planche nᵒ 83, représente l'ensemble des caissons, les uns circulaires, les autres rectangulaires, du bâtiment à seize étages de la Compagnie d'Assurances sur la vie *Manhattan*, sis à Broadway, New-York City. L'édifice occupe en plan une largeur de 20ᵐ,49 sur une longueur moyenne de 37ᵐ,49; la hauteur au-dessus du sol, dans la rue, est de 106ᵐ,07. La construction est un véritable système réticulaire en fer et acier, avec remplissage en briques et pierres, Quant à l'architecture, c'est celle de la renaissance italienne, très richement ornementée.

L'importance toute particulière des fondations ressort immédiatement de la très grande hauteur, et par suite du poids très considérable du bâtiment. Vu la proximité des fondations des édifices voisins et la nature dangereuse du terrain à traverser avant d'atteindre le bon sol, les méthodes généralement suivies à New-York, et dans les grandes villes américaines, n'étant pas applicables, on a eu recours à l'emploi des caissons foncés à l'air comprimé.

Du côté sud, le voisinage immédiat est formé par le « Consolidated Exchange Building, » dont les fondations sur pieux sont amorcées à droite de la figure 2, planche 83. Du côté nord, est une maison à quatre étages, en briques, avec fondations descendant seulement à une cote de 7ᵐ,920 au-dessous du niveau du sol dans la rue. Des deux côtés la présence de telles constructions nécessitait les précautions les plus minutieuses.

Le plan de fondation, considéré comme le plus avantageux, et celui qui a été adopté, est représenté par la figure 1. Les caissons sont au nombre de quinze; leurs dimensions et le cube de maçonnerie, entrant dans chaque puits, sont indiqués au tableau ci-dessous. Au-dessus de ces piles, sont placés les appareils d'appui des poutres en forme de cantilever, supportant les piliers extérieurs, et répartissant la charge totale (voir figure 2).

DÉSIGNATION des caissons	DIMENSIONS des caissons	HAUTEUR totale des fondations	CUBE DE BRIQUES employées	CUBE DE BÉTON coulé
A . . .	4ᵐ,724 × 7ᵐ,620	9ᵐ,144	236 ᵐ3	93 ᵐ3
B . . .	3 ,969 (cylindrique)	9 ,144	85	34
C . . .	3 ,962 × 4ᵐ,977	9 ,601	135	50
D . . .	3 ,759 × 7 ,925	10 ,363	213	76
E . . .	4 ,267 (cylindrique)	10 ,210	100	37
F . . .	3 ,277 × 6ᵐ,401	9 ,957	152	53
G . . .	2 ,972 (cylindrique)	10 ,287	47	18
H . . .	3 ,048 × 7ᵐ,315	10 ,007	152	59
I . . .	4 ,572 (cylindrique)	9 ,956	121	43
J . . .	4 ,724 × 7ᵐ,620	9 ,753	258	93
K . . .	3 ,962 × 3 ,962	9 ,144	103	41
L . . .	3 ,886 × 7 ,315	9 ,373	193	74
M . . .	6 ,553 × 7 ,772	9 ,601	357	132
N . . .	3 ,810 × 6 ,706	9 ,601	179	66
O . . .	3 ,353 × 10ᵐ,973	9 ,677	261	95
	Cube total		2.592 ᵐ3	864 ᵐ3

Les caissons sont en acier. Les figures 3 et 4 fournissent en plan et coupe transversale les détails de deux d'entre eux. Les parois sont en tôle de 13 millimètres, renforcées par des cornières d'angle en 152×152, et nervées à la partie inférieure par des demi-rails Vignole de 178 millimètres de hauteur. Le toit des caissons est formé par des tôles de 10 millimètres d'épaisseur, sur lesquelles sont fixées des poutres doubles I en acier qui supportent la maçonnerie lors de la descente du caisson. Les tôles des parois descendent à quelques centimètres au-dessous des demi-rails, et le couteau est constitué par de fortes plaques d'acier de 22 millimètres d'épaisseur, réunies aux parois par des rivets de 22 millimètres de diamètre.

Chaque caisson est muni d'une cheminée centrale qui sert à l'entrée et à la sortie des ouvriers dans la chambre de travail et qui, une fois le sol rocheux atteint, sert au remplissage de ladite chambre. L'admission de l'air, ainsi que le service d'extraction, est assuré par six cheminées de $0^m,102$ de diamètre, aboutissant au toit du caisson.

Les caissons, au pourtour du bâtiment, sont uniformément foncés à une distance de $0^m,025$ des murs des constructions adjacentes. Cette faible distance, et la hauteur de $10^m,36$, que le caisson doit traverser, ont nécessité des précautions extrêmes.

Voici comment le travail a été effectué :

Des terrassements ont été conduits à ciel ouvert jusqu'à un niveau très rapproché de celui de l'eau. Chaque caisson a été amené sur le chantier en tronçons de la plus grande importance possible — le poids seul influant ici sur la limite économique — et placé à sa position définitive.

En vue de faciliter le plus possible le travail de montage, les rivets de chantier sont une exception, presque tous les assemblages sont faits au moyen de boulons. L'étanchéité des caissons est néanmoins satisfaisante. Une fois les poutres sur place, les tuyautages et la cheminée installés, a commencée la construction de l'ossature briques ; cette maçonnerie, ayant atteint une hauteur de 2 mètres environ, on a procédé au travail d'excavation. Les premières matières extraites, sable fin et boues, sont jetées à la pelle près l'extrémité spéciale d'un des tuyaux de $0^m,102$ traversant à la fois le toit du caisson et la hauteur des briques déjà construite. L'ouverture d'une simple valve dans ce tuyau suffit pour élever les matières extraites au niveau supérieur, en permettant l'action de la pression de l'air de la chambre de travail. Ces matières sont finalement portées au loin par des charrettes.

Pendant cette période d'extraction, les assises de briques ont augmenté d'épaisseur, la masse entière du caisson s'est abaissée. La pression de l'air dans la chambre. maintenue toujours légèrement supérieure à celle de l'eau, prévient tout écoulement des matières voisines extérieures au caisson, dans son intérieur même, ce qui empêche toute action perturbatrice sur les fondations voisines.

Le succès complet de l'opération justifie les moyens employés. Le travail a été très rapidement mené, à la plus grande satisfaction du constructeur et des architectes. L'arête tranchante du couteau, ayant atteint le roc, à une cote de 16^m,46 au-dessous du niveau du sol dans la rue, la chambre de travail et les cheminées furent remplies de béton coulé. Ce dernier est composé de une partie de ciment de Portland Alsen, deux parties de sable, quatre parties de pierres cassées. Les briques employées sont celles dites d'« d'Hudson River; » elles sont très cuites, et reposent sur un mortier de ciment, composé de une partie de « Little Giant » et deux parties de sable.

Le premier caisson fut livré sur le chantier le 13 avril 1893; les fondations furent entièrement terminées le 13 août suivant. Il en résulte que le temps moyen pour le fonçage et le remplissage d'un des caissons est seulement de huit jours environ.

Synagogue juive de Beth-Zion, à Buffalo (New-York)

(Planche 84.)

La vue perspective, le plan, et quelques détails relatifs à la synagogue juive de Beth-Zion, construite à Buffalo (New-York) sur les dessins de MM. Kent, architectes, sont représentés sur la planche n° 84. Nous n'étudierons pas ici les mérites archéologiques, ni même architecturaux de cette œuvre, nous signalerons simplement, avec la disposition d'ensemble, quelques détails de construction du dôme, lequel est économique et nous a paru établi dans de bonnes conditions de résistance et de rigidité.

Le toit est en cuivre. En vue de conserver le plus possible la forme sphérique, les tuilettes sont posées diagonalement, les chevrons étant écartés au plus de 0^m,610. Le poids propre du dôme étant de 59 kilogrammes au mètre carré, et la surcharge étant estimée à 235 kilogrammes également au mètre carré, les efforts résultant de cette hypothèse sont inscrits sur la coupe transversale. La poussée horizontale de 8.500 kilogrammes, est contrebutée par un large plat d'acier en 508×13 affectant en plan la forme d'un octogone, et reposant sur la face intérieure supérieure de la maçonnerie. Ce plat octogonal est ancré dans la maçonnerie tous les 1^m,524 par des tiges de 1^m,52 ou de 2^m,44 de longueur.

Quoique la poussée des fermes ou des chevrons soit peu considérable, les uns et les autres sont fixés à leur base sur le plat d'acier, au moyen de cornières. La base d'une ferme et son repos sur le coussinet sont clairement indiqués en coupe et plan sur les dessins.

Un ancrage des plus simples et des plus effectifs est assuré par le boulonnage : 1° des colonnes en fonte des galeries sur leurs consoles inférieures en encorbellement; 2° de ces mêmes colonnes aux coussinets supports de fermes; 3° de ces coussinets aux membrures intérieures et extérieures des fermes, et au plat octogonal d'acier. Cette disposition offre de plus l'avantage de reporter au-dessous des galeries une grande partie du poids des fermes.

Le coût de ce dôme de 24^m,384 de diamètre, la valeur du dollar étant prise égale à 5 francs est de :

Charpente complète	. .	24.000 francs.
Ossature métallique .	.	6.625 —
Cuivre du toit . . .	. . .	9.500 —
Total.	. .	40.125 francs.

Le devis comparatif d'une ossature entièrement métallique avait été établi et montait à 55.000 francs.

Les pannes sont cintrées, traversent les chevrons mais non les fermes.

Le bois employé est le pin de Georgie. Les maçonneries renferment de la brique, une pierre siliceuse foncée, et un marbre d'un ton sombre (cadres des fenêtres).

Ce bâtiment est unique dans son genre dans l'État de New-York. Quant à sa disposition générale, elle est la suivante :

Le vestibule d'entrée du temple a 28^m,04 de longueur sur 4^m,27 de largeur, il est terminé par deux tours rondes qui renferment des escaliers conduisant aux galeries. L'auditorium principal présente la forme d'un carré de 24^m,384 de côté, il est entièrement recouvert par le dôme, les bases circulaires qui y sont placées contiennent 700 personnes. Les quatre galeries triangulaires aux angles des murs, au premier étage, peuvent donner place à 150 personnes. Au-dessus du rostrum, une autre petite galerie contient l'orgue et le chœur.

Au rez-de-chaussée, en arrière de l'auditorium sont les salles d'études occupant 24^m,384 sur 12^m,801, séparées par des cloisons qui peuvent s'enlever à volonté. Au premier étage est un grand hall pouvant contenir 350 personnes avec salle à manger. Le sous-sol comprend : tablettes, cuisine, office, soute à charbon, calorifère.

Le coût total de la construction, y compris la décoration, est de 250.000 francs, soit moins de 210.000 à l'exclusion du dôme.

Le Théâtre « Mackaye »

(Planche 85).

Ce théâtre eût constitué avec la roue Ferris la plus importante des attractions populaires de l'Exposition de Chicago, si les embarras financiers n'avaient pas empêché sa réalisation définitive. Ce devait être une sorte de panorama immense avec décors mobiles représentant la vie de Christophe Colomb et la découverte de l'Amérique.

Bien que l'entreprise ait affirmé que l'ossature métallique du bâtiment, lequel est démoli aujourd'hui, avait été presque complètement achevée, à l'exception du dôme central; les fermes des charpentes secondaires entièrement mises en place, et la couverture en partie posée sur une portion de sa longueur, en réalité les travaux n'ont jamais été aussi avancés. Quant à la maçonnerie de pierre, elle était suffisamment prête en certains endroits pour permettre la pose de l'enduit de plâtre sur quelques cloisons intérieures.

L'ensemble de l'édifice et de ses accessoires, café, restaurant, jardin, présente en plan la forme d'un carré de près de 183 mètres de côté; la hauteur du dôme au-dessus des fondations devait être de 82ᵐ,29. Une des faces du bâtiment était disposée parallèlement à le 56ᵉ rue de Chicago, et sur l'arrière était une immense salle de plus de 9.000 mètres carrés. L'achat de la machinerie nécessaire aurait coûté environ trois millions. La mise en scène devait comprendre vingt-deux décors mobiles présentant au maximum une surface de 45ᵐ,70 sur 21ᵐ,30. La distance de l'œil du spectateur le plus éloigné au fond de la scène devait être de 122 mètres. La longueur totale des voies de manœuvre s'élevait à près de 10 kilomètres, et leur poids dépassait 1.200 tonnes.

La construction du théâtre, proprement dit, n'a pas été commencée, seules les fondations ont été exécutées, on a battu environ 800 pieux; dont la plupart ont été recépés.

Les fondations sous les voies de manœuvre se composaient de pieux espacés de 1ᵐ,80 à 2ᵐ,40 suivant le rayon, et de 3ᵐ,50 environ suivant la circonférence. Ces pieux étaient recépés, non pas horizontalement, mais suivant une pente de $3^{mm},8$ par mètre dans la direction du rayon ; des sortes de longrines les réunissaient deux à deux dans cette même direction et sur des longerons curvilignes qu'ils supportaient, était posé un plancher en bois de 7 centimètres d'épaisseur. L'ensemble affectait donc la forme d'un immense tronc de cône ayant son centre sur l'axe du panorama.

Concentriquement à la partie centrale du bâtiment, était prévu un espace annulaire de $39^m,623$ de largeur, renformant 19 voies de différentes largeurs, placées à des distances variables les unes des autres, et telles toutefois que les rayons extrêmes de ces voies soient de $43^m,166$ et $78^m,789$. La distance d'axe en axe des rails est uniformément de $0^m,914$. Ceux-ci, cintrés exactement suivant la courbure de la circonférence à laquelle ils appartiennent, sont du type Vignole à 20 kilogrammes le mètre courant.

La construction des appareils scéniques aurait nécessité 12 à 13.000 mètres carrés de bois de 25 millimètres d'épaisseur, non compris le plancher, 5.400 kilogrammes de fer forgé pour boulons ou prisonniers, et 3.200 kilogrammes de fonte environ, tant en rondelles que pièces moulées. Les dimensions des décors étaient variables depuis $1^m,67 \times 12^m,20$ jusqu'à $21^m,30 \times 45^m,70$; quelques-uns devaient être à châssis avec plates-formes uniques d'autres nécessitaient par leur hauteur la présence de jambes de force (pl. 85). Les 112 trucks de roulement ont été construits en totalité. Chaque voie devait en posséder un nombre variable de 4 à 14, suivant sa longueur et sa position.

CHAPITRE XVI

DIVERS

Wharf de chargement pour locomotives à Chicago
(Pittsburg, Cincinnati et Saint-Louis Railway)
(Planche 85).

Près de Chicago, la disposition déjà resserrée des voies du Pittsburg, Cincinnati and Saint-Louis Railway, ne permettait à cette Compagnie de ne donner qu'un emplacement fort restreint, environ 45 mètres de longueur sur la largeur de deux voies, pour l'installation d'une estacade de chargement de charbon. Il fallait de plus tenir compte de la nécessité de faire rapidement le chargement des tenders, car si les locomotives venant faire leurs provisions n'étaient pas nombreuses, à certaines heures de la journée, elles se présentaient beaucoup à la fois.

L'installation représentée par les figures de la planche n° 85 a été faite en juin 1893, et fonctionne d'une manière très satisfaisante. Les élévateurs sont mus par l'air comprimé; cet emploi a été trouvé plus avantageux, vu la distance du banc de chargement à la chaudière la plus proche, qu'une transmission de force par la vapeur sous pression, ou même que l'installation d'une petite chaudière à l'emplacement du chargement même.

La figure 1 indique les positions relatives des pompes de compression, du réservoir d'air comprimé, du banc ou plutôt du wharf de chargement, et des voies de service et de garage, ainsi que les dépôts de sable et la fosse aux résidus.

L'air comprimé est fourni par deux pompes Westinghouse, disposées dans la machinerie de la rotonde à locomotives, auprès de la chaudière, et est envoyé par un tuyau de 38 millimètres de diamètre à un réservoir indiqué au plan général, situé entre le dépôt de sable et celui de charbon. De ce réservoir, où il est à une pression de 4 atmosphères, l'air est envoyé, toujours par une pression de 38 millimètres, aux cylindres des élévateurs, placés aux extrémités du wharf (voir figure 2). Le détail d'un élévateur est représenté par la figure 3; le diamètre du cylindre est de 0^m,336; le piston supporte directement le plancher de l'élévateur proprement dit, qui est guidé sur les côtés. L'admission et l'échappement de l'air comprimé sont réglés par un robinet à trois voies, placé sur le wharf à un endroit convenable.

La disposition des voies et la construction des wharfs sont indiquées, par la figure 2 qui dispense de toute explication. Les détails des wagonnets à bascule sont représentés par la figure 4; chaque wagonnet peut contenir environ 2.300 kilogrammes de charbon.

Voici comment on procède pour l'approvisionnement du banc de chargement : les wagons de charbon, conduits sur la voie de garage, sont déchargés à la main dans les wagonnets à bascule placés sur la voie la plus proche; ces derniers sont poussés sur l'élévateur de droite, et l'air comprimé, étant envoyé sous le piston par l'ouverture du robinet à trois voies, un wagonnet est élevé vers la plate-forme supérieure. A mi-course, l'admission de l'air est interrompue, le wagonnet s'arrête, et par un dispositif spécial, la pression qu'il exerce sur la tête du piston est mesurée; on en déduit immédiatement le poids du chargement par un barème préparé à l'avance. Cette opération faite, l'air comprimé est introduit à nouveau, le wagonnet monté à la plate-forme supérieure, et simplement poussé, une fois déchargé, sur une voie en pente qui le conduit à l'extrémité gauche du wharf, où il est placé dans un second élévateur, qui l'amène à nouveau sur la voie inférieure.

Chariot transbordeur pour locomotives

(Planche 79).

Les figures 1 et 2, de la planche n° 79, représentent en vue perspective et en plan un chariot transbordeur construit aux « Industrial Works » à Bay-City (Michigan). Un chariot presque identique a été installé au « Transportation Building » à l'Exposition de Chicago, et a fonctionné depuis décembre 1892 à juin 1893, presque sans interruption, à certains moments, même nuit et jour, pour la mise en place des locomotives, cars et autres exhibits. Ce chariot, comme les visiteurs ont pu le cons-

tater, se mouvait avec facilité, et transportait fort bien les plus lourdes
locomotives, celles de 110 tonnes.

Le chariot transbordeur de Bay-City a une longueur totale de $31^m,306$,
et il est supporté par seize roues porteuses en fonte de $0^m,914$ de diamètre. Les poutres transversales sont composées de deux fers T, ju-
melées de 0m,381 de hauteur. Le calcul de la plate-forme est établi pour
une locomotive de 110 tonnes.

La force nécessaire au déplacement (35 chevaux) est produite par un
moteur électrique disposé comme le plan l'indique. Les vitesses de trans-
lation varient depuis $27^m,43$ jusqu'à $76^m,20$ par minute.

Plaque tournante de locomotive
« Detroit Bridge and Iron Works » Constructeurs

(Planche 86).

La plaque tournante représentée en ensemble et détail sur la planche
n° 86, peut être considérée comme un type essentiellement américain
et d'une pratique courante. Elle figurait à l'Exposition de Chicago.

Le diamètre de cette plaque, mesuré à l'extérieur des cornières en
retour des flasques principales est de $18^m,288$. Ces flasques écartées de
$1^m,524$ d'axe en axe, ont $1^m,272$ de hauteur sur l'axe et $0^m,667$ à l'extrémité, et sont composées chacune d'une âme de $9^{mm},5$ d'épaisseur et de
quatre cours de cornières de 152×102, renforcés par deux rangs de
plates-bandes de $330 \times 9^{mm},5$. Les plates-bandes premier rang, ont une
longueur horizontale de $8^m,534$, les plates-bandes deuxième rang, ont
$6^m,020$. Les flasques sont solidement reliées l'une à l'autre par un système d'entretoisement horizontal et vertical, clairement indiqué par les
dessins, en position et dimensions.

Les dernières entretoises horizontales sont formées d'une âme pleine
et de quatre cours de cornières. Celles-ci se prolongent en dehors des
flasques de la plaque tournante pour donner attache aux galets de
roulement.

Le détail des galets est représenté sur la planche 86, ils sont au nombre
de quatre, ont $0^m,762$ de diamètre, sont légèrement coniques, et ont une
largeur de $0^m,102$. Les galets sont dépourvus de bandages, sont en fonte,
et montés sur des axes en acier de 76 millimètres de diamètre.

DEUXIÈME PARTIE

UTILISATION DES EAUX D'ÉGOUT
ALIMENTATION DES VILLES — TUNNELS — BARRAGES
PORTS ET RECTIFICATIONS DE COURS D'EAU
PHARES

CHAPITRE PREMIER

UTILISATION ET PURIFICATION DES EAUX D'ÉGOUT

Emploi des eaux d'égout pour l'irrigation

L'emploi des eaux d'égout pour les irrigations a reçu un grand développement aux États-Unis, surtout dans l'ouest : cela n'a rien d'étonnant,
l'est possède des cours d'eau rapides ayant toute l'année un débit considérable et la pollution des eaux ne s'est pas développée rapidement
à un degré intolérable.

Au contraire, dans l'ouest beaucoup de cours d'eau voient leur débit
se réduire à peu de chose l'été, précisément au moment ou les irrigations sont les plus nécessaires. D'une part, la pollution des rivières
devenait intolérable, de l'autre, on avait besoin d'eau pour les cultures.

Aussi de nombreuses villes se sont-elles mises à faire de l'irrigation,
soit elles-mêmes, soit en livrant les eaux aux fermiers des environs.
Cela n'a pas été sans peine, à l'origine, les résistances étaient très
grandes, mais peu à peu les cultivateurs se sont assurés par eux-mêmes
que l'emploi des eaux d'égout était favorable à la production.

A Chayenne, los Angelès Stockton, l'emploi des eaux d'égout n'a eu pour but principal que d'utiliser l'eau pour les irrigations. Pasadena, Santa Rosa et Héléna ont acheté des terrains pour faire de la culture dans le but de purifier les eaux d'égout. Colorado Sprinz, Trinidad, Frezvao et Rading paient une indemnité à des particuliers pour employer ces eaux.

D'autres cités, los Angelès, par exemple, font payer une redevance de 30 francs par an et par hectare irrigué, rien que pour l'irrigation. Lorsque les eaux d'égout ne sont pas utilisées à los Angelès, elles sont déversées dans l'Océan.

On voit que c'est surtout dans l'ouest comme nous l'avions déjà fait remarquer, que l'irrigation a utilisé le résidus des villes. Il y a encore un autre motif qui entrave leur emploi dans le centre et dans l'est, les hivers sont très rigoureux et pendant de longs mois il est impossible d'épandre les eaux sur le sol.

Le ville de Pullman où sont les établissements de la Compagnie Pullman, près de Chicago, sur les bords du lac Calumet, ville de plus de 12.000 habitants possède une magnifique installation d'égouts. On ne voulait pas déverser les eaux d'égout dans le lac qui n'a pas de profondeur et pas de courant.

Toutes les eaux d'égout sont centralisées dans un puisard placé sous le château d'eau, des pompes reprennent les eaux et les refoulent dans une conduite jusqu'à une ferme qui devait être irriguée. Un système de filtre était prévu pour filtrer l'excédent.

Dans la pratique, il semblerait que les eaux ne sont point en réalité épandues sur les terres et qu'au contraire elles sont dirigées directement sans épurage dans le lac, c'est pourquoi nous ne décrirons pas cette installation très luxueuse cependant, comme tout ce qui se rapporte à cette compagnie.

Irrigation avec les eaux d'égout provenant de la Ville de Colorado Springs

(Planche 87).

Il s'agit encore ici d'une petite ville, mais il faut remarquer qu'il en est nécessairement ainsi. Une grande ville peut impunément souiller les eaux des fleuves et des lacs, elle est assez puissante pour se défendre contre les attaques, mais il n'en est pas ainsi des petites villes, c'est pourquoi ce sont surtout celles-ci qui sont en progrès et qui cherchent à mieux faire.

C'est ce qui s'est produit pour Colorado Springs dont la population qui était de 4.000 âmes, en 1880, atteignait 11.140 en 1890.

Ses eaux d'égout étaient deversées jusqu'en 1889 dans un cours d'eau, la « Fountain qui bouille » dont le débit varie de quelques litres à une masse d'eau considérable suivant l'époque de l'année.

M. Ranchman, un propriétaire obscur, adressa une plainte contre la ville, en spécifiant que son puits était contaminé par les eaux d'égout de manière à la rendre impotable, et que les eaux du canal d'irrigation qui lui appartenait étaient si polluées que le bétail ne pouvait en boire.

Après une expertise et un arbitrage terminé par le paiement d'une indemnité et l'engagement de ne plus déverser les eaux d'égout à la rivière, il fut décidé qu'une ferme serait créée pour utiliser les eaux d'égout et les purifier par l'épandage.

Une transaction intervint entre la ville et un propriétaire de terrain, par laquelle ce propriétaire s'engageait moyennant une indemnité de 1.500 francs par an, pendant cinq ans, à employer à l'irrigation toutes les eaux d'égout.

Dans le cas où, à l'expiration des cinq années, les résultats n'auraient pas été satisfaisants, la ville se réservait le droit de prendre les terrains et d'essayer elle-même de les exploiter.

Nous donnons planche 87, le plan du terrain, les eaux étaient reçues en A, conduites en B par un drain en bois et distribuées par des rigoles BE et BCD.

Le terrain se trouvait dans de bonnes conditions ; en effet, il occupe le fond d'une dépression autrefois parcourue par la rivière, il y avait donc des deux côtés une pente vers une sorte de talweg assez bien dessiné.

Enfin, en faisant des sondages pour installer le drainage, on reconnut que le sous-sol était ferme, en dessous d'une couche moyennement perméable d'un banc de gravier dont la pente allait vers la rivière.

Le plan d'eau était donc maintenu par la nature même du sol à un niveau convenable. C'est la présence de ce banc de gravier qui explique la rapidité avec laquelle le filtrage se produit.

Les résultats en récolte ont été merveilleux et le propriétaire Ranchman qui avait fait le procès à la ville voulut lui en intenter un second pour l'obliger à se débarrasser de nouveau des eaux dans la rivière pour qu'il puisse en profiter. A l'heure actuelle, les fermiers ont tous fait des offres pour payer une redevance à la ville en échange de ses eaux d'égout.

Mais, à proprement parler, il ne s'agit pas ici d'une vraie purification des eaux d'égout, ce qu'on cherche c'est de l'eau d'irrigation qui manque pendant l'été, et cela, qu'elle soit d'égout ou non.

Purification des eaux d'égout de l'Exposition de Chicago
(Planches 88-89).

Avec l'accroissement de la population des grandes villes et le développement industriel de la plupart d'entre elles, la question des égouts a rapidement pris une grande importance aux États-Unis, non seulement dans les villes situées à proximité de la mer, ou sur les grands fleuves qui n'ont encore pu se débarrasser de leurs eaux vannes, mais surtout dans les villes du centre, principalement les villes situées sur les grands lacs, où l'absence de marée empêche de compter sur le flux et le reflux pour entraîner au large les dépôts apportés par les égouts.

Beaucoup de dispositions ont été adoptées, nous passerons en revue les plus intéressantes, mais il faut bien le dire à part quelque cas, la généralité des installations est copiée sur des modèles existant en Europe, les américains ayant ici largement puisé dans l'ancien monde.

A Chicago, il avait été reconnu nécessaire de purifier les eaux d'égouts de l'Exposition et des abords, qui s'étaient rapidement peuplés, avant de laisser les eaux s'écouler dans le lac.

La précipitation était obtenue par des procédés chimiques, et inspirée par l'installation de Dartmund en Westphalie.

Les appareils consistent en un réservoir vertical servant à la réception et à la distribution des eaux, quatre mélangeurs chimiques, quatre bassins de décantation, deux chaudières, une machine à vapeur de la force, de 50 chevaux, deux compresseurs d'air, deux bassins à boues, deux filtres à boues, deux pompes et divers accessoires, le tout contenu dans un bâtiment mesurant 33 mètres $\times$ 42^m,50.

La conduite principale venant des égouts se relève verticalement sous la forme d'un tube en tôle de 0^m,91 de diamètre, et 16 mètres de hauteur, s'élevant presque jusqu'au niveau supérieur du réservoir d'arrivée, figuré sur la planche 87. Ce tube adducteur est en tôle de 6 millimètres en acier, il est rivé par viroles de 1^m,50 de hauteur, et se termine par un évasement, figure 3, détail B.

Le réservoir d'arrivée a 5^m,30 de diamètre et 3^m,30 de hauteur, soit une capacité utile de 50 mètres cubes environ. L'arrivée des eaux d'égout se fait au-dessus d'une grille placée 0^m,50 en contre-bas du bord supérieur du réservoir, ce crible est divisé en huit parties s'assemblant les unes aux autres, le grillage est formé par des fers carrés de 10 millimètres sur 35 millimètres de hauteur espacés de 25 millimètres de centre en centre, voir la figure 3 et les détails A et B.

L'eau après avoir passé au travers de la grille s'échappe du réservoir par quatre orifices, chacun de ces orifices est protégé par une grille, ils ont 0^m,350 de diamètre.

Le sulfate d'alumine ou le sulfate de fer sont mélangés à la sortie des eaux du réservoir, le mélange est assuré au moyen des brasseurs mécaniques dont nous donnons les détails figure 4, enfin le lait de chaux est admis à son tour et brassé au moyen du mélangeur figure 2 et figure 5.

Les eaux et les matières précipitantes sont mélangées par un cône qui brasse les courants, l'eau déborde tout autour de la grande base du cône qui descend en suivant le cylindre central, pour être distribuée par des bras horizontaux dans la partie inférieure du réservoir, puis cette eau s'élève presqu'au niveau supérieur du grand réservoir. Après avoir été clarifiées, les boues restent en dépôt au fond du réservoir, d'où on peut les retirer pour les envoyer dans les bassins de décantation et aux filtres presses.

Le cylindre central a 1^m,800 de diamètre et 10 mètres de haut et composé de tôles de 5 millimètres.

L'eau en sortant à la partie inférieure du tube passe dans le fond conique où les matières décantées s'accumulent.

Les eaux clarifiées remontent à la surface des réservoirs de décantation et là, sont recueillies par des gouttières en bois suspendues en contre-bas du bord supérieur du reservoir.

Les gouttières ou coulottes sont réunies par paire de reservoirs et se déversent dans un tuyau de 0^m,30 de diamètre qui va se décharger dans le lac qui ne reçoit plus ainsi que des eaux clarifiées.

Les réservoirs se composent d'une partie cylindrique terminée à la partie inférieure par un tronc de cône, la partie cylindrique à 10 mètres de hauteur sur 10 mètres de diamètre, le tronc de cône a 7 mètres de hauteur et sa petite base a 1ᵐ,800.

Si on tient compte de la partie supérieure du réservoir qui se trouve au-dessus des gouttières collectrices le volume total de l'eau atteint pour chaque réservoir 948.000 litres mais la purification étant une opération continue ce volume ne représente que celui de l'eau à la fois en traitement.

Nous donnons planche 89, divers détails d'assemblages des tôles, des supports, des réservoirs qui complètent cette description.

Toute l'installation étant disposée sur le bord du lac elle a dû être faite sur pilotis.

Les tuyaux éboueurs partent du fond du réservoir de précipitation et sortent à la hauteur du sol à peu près. La partie inférieure en est évasée, le diamètre de ces tuyaux est de 0ᵐ,15, à l'autre extrémité ils se rendent dans les réservoirs à boue.

Nous donnons (fig. 9) le détail de la sortie du tuyau éboueur au travers de la paroi conique du réservoir.

Les bacs à boues sont cylindriques, ont 1ᵐ,20 de diamètre et 2ᵐ,50 de hauteur, ils sont terminés à chaque extrémité par des fonds sphériques, leur capacité est de 3000 litres environ, les boues entrent et sortent par des ajutages spéciaux en fonte placés à chaque extrémité, un tube de 75 millimètres sert à introduire l'air comprimé. Un flotteur indique d'une manière continue le niveau occupé par les matières.

La manœuvre se fait de la manière suivante ; Les boues sont chassées dans l'éboueur sous la pression de l'eau contenue dans le réservoir de précipitation ; dès que l'éboueur est plein, on ferme la communication avec le reservoir de précipitation, et on envoie de l'air comprimé dans l'éboueur plein de boues (pl. 88-89).

Celles-ci sont chassées et obligées de passer au travers des filtres-presses.

Chaque filtre a 50 cases de 0ᵐ,90 de diamètre, après le pressage chaque gateau ou tourteau pèse 22 kilogrammes, soit une production de 1100 kilogrammes par opération.

Un tramway conduit les gateaux à un four crématoire situé à peu de distance où ils sont incinérés.

Cet appareil a traité les quantités suivantes de liquide.

1ʳᵉ semaine de juillet.	8.496.000
2ᵉ semaine —	8.760.000
3ᵉ semaine —	9.908.000

L'appareil servait non seulement à l'épuration des eaux mais aussi à des expériences et à des démonstrations. Trois équipes desservaient l'appareil par bordées de huit heures, chacune employant un précipitant différent. Chaque bordée comprenait une équipe de cinq hommes, sauf celle de nuit qui n'avait que trois hommes.

La dépense en produits chimiques atteignait 10 francs par 1000 mètres cubes traités.

L'installation complète, en dehors des bâtiments avait coûté 150.000 francs.

Utilisation des eaux d'égout de Berlin (Ontario)
(Planche 87).

La purification et l'utilisation des eaux d'égout n'est pas l'apanage exclusif des grandes villes, en Amérique comme en Europe, avec une sage prévoyance on voit de petites villes sous leur propre initiative réaliser des installations très modestes au début mais néanmoins très intéressantes au point de vue de la salubrité.

La ville de Berlin (Ontario) avait en 1891, 7.425 habitants auxquels il faut ajouter 2.941 habitants de Waterloo, petite ville éloignée de 3 kilomètres de la précédente à laquelle elle est réunie par un tramway. Berlin possède plusieurs usines, entre autres une tannerie et une fabrique de colle de peau.

En 1892, les égouts qui étaient encore en cours de construction débitaient 200 mètres cubes d'eaux vannes diluées dans 300 mètres cubes d'eau de drainage du sous-sol. En hiver la température des eaux à la sortie des égouts était encore de + 8°, alors qu'elle était de — 25° à l'extérieur.

Dans le but de purifier les eaux qui sont très chargées et qui, abandonnées à elles-mêmes, ne tardent pas à exhaler une odeur infecte, la ville a fait l'acquisition d'une ferme de 10 hectares située à 2 kilomètres de la ville. Ce terrain se présentait dans des conditions très favorables il était traversé par un ruisseau qui servait au drainage naturel et pouvait également emporter les eaux après filtrage; en outre le terrain était en pente continue et se prêtait à une irrigation complète. Plus bas le cours d'eau est barré de manière à former un étang.

La plus grande partie du sol est composée de terre légère et sablon-

neuse, tandis que le sous-sol est formé d'argile sablonneuse; par places
il y a des fortes allongées de terre végétale. On a commencé par amé-
nager 4 hectares en gradins avec drainage souterrain; ce drainage est
fait au moyen de drains en poterie à points ouverts de 75 et 100 millimètres de diamètre. Nous donnons une coupe du terrain, les regards
sont formés avec des planches verticales et une série de puits ont été
forés pour pouvoir suivre la hauteur du plan d'eau. Les tranchées recevant les drains ont été remplies à moitié de leur hauteur par du gravier
provenant d'une carrière située à 1500 mètres de distance.

Un petit ruisseau qui pénétrait dans la partie inférieure a été recueilli
au moyen d'une conduite de 0^m,18 de diamètre et son cours rectifié à sa
sortie vers la rivière où il va se jeter. Cette même conduite reçoit également la décharge d'un drain très profond indiqué sur la planche n° 87.
Ce drain est destiné à arrêter les eaux qui naturellement suivaient le
sous-sol imperméable en se dirigeant vers le fond de la vallée.

Deux rigoles de distribution des eaux partent du puisard où débouche
la conduite venant de la ville, le canal supérieur en H a été construit en
argile battue, les autres sont simplement creusés dans le sol naturel.

Enfin dans le cas où il serait nécessaire d'envoyer directement les
eaux d'égout dans le cours d'eau, on a ménagé un canal traversant le
terrain perpendiculairement à la grande base suivie par le canal supérieur.

M. Chipman, conseil de la ville, a indiqué comme culture les racines
fourragères, les oignons, l'avoine et le trèfle.

D'après cet ingénieur, l'installation convient à toutes les cultures et
les résultats semblent lui donner raison.

Les dépenses d'achat ont été de 10.000 francs et les travaux d'aménagement ont coûté 15.000 francs. Le montant du capital nécessaire a
été fourni par une émission de titres obligataires donnant 5 %; mais
comme ils ont été vendus avec prime l'intérêt véritable n'est que de
4 1/2 %.

Il semble certain que dès que les deux tiers du terrain seront mis en
culture, tous les frais d'exploitation seront payés sur les bénéfices; il
n'y a que le capital de 25.000 francs qui restera à la charge de la ville.

Certainement il s'agit d'une petite entreprise mais nous avons pensé
que c'était un exemple à donner dans cet ouvrage, précisément à cause
de son developpement modeste.

CHAPITRE II

ALIMENTATION D'EAU DES VILLES

Les Américains se sont toujours très préoccupés d'assurer une bonne et abondante alimentation d'eau dans leurs villes ; à l'origine, les eaux étaient abondantes, la population très disséminée et la pollution des eaux n'existait pas, mais les conditions sont autres, à l'époque actuelle, des centres considérables sur les cours d'eau déversent chaque jour des torrents d'eaux vannes, de détritus ou de résidus d'usines.

Déjà de grandes précautions doivent être prises pour l'alimentation des villes riveraines des grands lacs et on prévoit le moment où les rives seront polluées à une telle distance des bords qu'il ne sera plus possible de prolonger les siphons dans les grands fonds. De grands travaux dont nous reparlerons ont été entrepris à Chicago pour l'assainissement de la rivière de Chicago et des rives du lac ; on jugera par l'importance des entreprises de la gravité de la situation surtout dans un pays où la boisson générale est l'eau pure.

Alimentation de Savannah avec des eaux Artésiennes
(Planches 90-91).

La ville de Savannah était alimentée jusqu'en 1887 au moyen d'une prise d'eau dérivée de la rivière de Savannah. Cette installation datait de 1854. Le plan de la ville que nous joignons aux planches montre en I l'emplacement des pompes.

Avec l'accroissement de la ville, et son développement industriel la pollution des eaux devint telle qu'il fallut chercher une autre alimentation.

Après des recherches sérieuses il fut reconnu que la captation de sources fort éloignées conduirait à des dépenses considérables sans assurer l'alimentation en eau de bonne qualité, aussi fut-il décidé de faire des recherches en profondeur.

Les puits forés sont au nombre de 15 et situés à proximité de l'installation des pompes; un de ces puits a 0^m,10 de diamètre, 12 ont 0^m,15 et 2 ont 0^m,25 de diamètre, leur profondeur ne dépasse pas 135 mètres.

Les eaux sont très pures et abondantes; en 1888 les puits ont suffi à l'alimentation entière sauf pendant huit heures pendant lesquelles il a fallu pomper de l'eau dans la rivière; la quantité moyenne d'eau pompée par jour a été de 23.000 mètres cubes. Le nombre de puits a été porté à 23 de manière à satisfaire à l'augmentation de la consommation.

Mais en 1889 le débit n'était plus suffisant et il fallait avoir recours pendant quelques heures aux eaux de la rivière précisément au moment des basses eaux qui coïncident avec la réduction de débit des puits, aussi le directeur du service des Eaux, M. Jos Manning, disait qu'il était nécessaire de pousser les forages plus loin, et reconnaissait qu'il eut été préférable de forer les puits à un plus grand diamètre, car l'engorgement par le sable était grandement favorisé par la faiblesse du diamètre adopté.

En 1890 de nombreuses plaintes étaient encore soulevées par l'apparition d'eaux de rivière, polluant pour longtemps les bassins, les conduites et rendant inutiles en grande partie les travaux faits pour améliorer la situation au point de vue sanitaire.

En 1890 on décida de forer un puits de 0^m,30 de diamètre; il fut poussé jusqu'à 500 mètres et l'outillage fut employé ensuite à approfondir un des anciens puits de 0^m,25. Le résultat fut peu brillant, le débit n'étant pas augmenté en proportion des efforts donnés; il en fut de même du torpillage essayé sur trois puits.

Vis-à-vis de cet insuccès, M. T. Johnston, ingénieur hydraulicien, fut appelé en consultation.

D'après lui, les puits devaient aboutir à une couche souterraine animée d'un courant descendant vers la mer; il ajouta que le percement du dernier puits avait eu pour résultat d'abaisser la charge dans les puits les plus anciens. En effet, le dernier puits avait été foré à une certaine distance.

Il conseillait donc de réunir le siège du nouveau puits à l'usine hydraulique par un canal en maçonnerie le long duquel de nouveaux puits seraient forés. Enfin il indiquait qu'il fallait séparer les anciens puits des nouveaux pour éviter les pertes de charge.

Cependant, pour parer aux besoins immédiats, deux nouveaux puits de 0^m,25 furent forés auprès des anciens; enfin on se décidait à descendre une série de puits près du puits de $0^m,30$, et d'y établir une station de pompes pouvant élever 60 000 mètres cubes. Cette usine prit le nom de « Sprinfield Plantation ».

Malgré l'addition des deux nouveaux puits donnant 26.000 mètres cubes avec les anciens; il fallut encore recourir à l'eau de la rivière en 1891, enfin on reconnut qu'il y avait une différence de charge de $3^m,50$ entre le puits n° 1 et le puits n° 25 éloignés de 500 mètres,

On poussait activement la nouvelle installation qui comprit 12 puits dont 7 étaient terminés au mois de décembre 1892 et le complément en mars 1893.

L'entreprise du curement avait été traitée avec F.-F. Joyce de Sainte-Augustine au prix de 7 francs par mètre courant entre 0 et 130 mètres et à 7 fr. 55 pour les profondeurs plus grandes.

Les puits sont ou nombre de 12 de $0^m,30$ de diamètre, tubés jusqu'à une profondeur de 75 mètres, la couche aquifère occupant l'espace compris entre les niveaux 100 mètres et 175 mètres.

Les puits sont pris à 100 mètres d'axe en axe les uns des autres et débouchent dans une canalisation en briques. On avait essayé le bois mais le béton et la brique furent reconnus supérieurs, la planche annexée donne (fig. 1, 2 et 3) les dispositions adoptées pour cette canalisation. Nous donnons également le système adopté pour faire communiquer les puits entre eux, chaque puits peut être oblitéré au moyen d'une vanne de 0,50. La canalisation débouche dans un puisard placé en contre-bas de l'installation des pompes. Nous donnons le plan général de l'installation des pompes des chaudières, etc. (fig. 7.)

Le puisard occupe toute la longueur du bâtiment, soit une longueur de 36 mètres environ.

Le puisard a $2^m,40$ de largeur à la partie supérieure, les parois et le fond sont en béton de ciment. La cheminée des chaudières est en briques.

Deux pompes de 48.000 mètres cubes, système Gackill sont installées côte à côte, la vapeur est fournie par des chaudières horizontales à retour de flamme donnant 1.700 kilogrammes de charbon choisi pour une production de 10 kilogrammes de vapeur.

La fourniture et la construction de cette installation ont été traitées aux prix suivants;

Chaudières, 69.375 francs; pompes, 460.000 francs; canalisations

137.500 francs; la section C de la planche a été traitée au prix de 160 francs par mètre courant.

Il n'a pas encore été construit de réservoir central, l'ancien château d'eau pouvant encore servir.

L'installation a été prévue de manière à permettre l'extension du système des puits entre l'ancienne et la nouvelle station.

Les terrains traversés appartiennent au Crétacé, on rencontre des sables et des argiles sur 85 mètres de profondeur où on traverse un banc de calcaire, on rencontre l'eau à 110 mètres avec un accroissement de débit régulier jusqu'à 175 mètres, la couche aquiférée est formée par un calcaire très poreux ou pour mieux dire très fissuré; on trouve encore de l'eau à un étage inférieur, mais pas de manière à justifier un approfondissement des puits.

Les 12 puits de 0^m, 30 ont été arrêtés à 175 mètres, ils ne sont tubés que sur 80 mètres environ de hauteur, c'est-à-dire jusqu'à la couche de calcaire. Au travers de la roche il n'y a aucun tubage, le trou est foré à 0^m,30. On ne s'est servi pour le forage de ces puits que de la sonde ordinaire.

· L'examen de la situation conduit à des observations intéressantes; dans le premier puits, la force ascendante de la couche aquiférée était telle que le niveau dans les puits était de 13 mètres plus haut que le niveau des basses eaux, ce niveau était le même pour les autres puits qui furent percés ultérieurement, mais l'épuisement de la couche se fit rapidement sentir et le niveau baissa rapidement de 10^m,50. Dans la nouvelle installation la charge n'était plus que de dix mètres, mais dans les puits forés à 15 kilomètres de distance, l'eau reprenait son niveau primitif, l'influence de l'énorme prise d'eau à Savannah ne se faisait donc plus sentir à cette distance. On fit cette constatation, c'est que la chute de pression était plus grande dans les puits les plus rapprochés de la mer : ce phénomène s'explique si on admet l'existence d'un courant descendant vers la mer. Logiquement, la disposition la plus favorable à adopter pour les puits, serait une ligne parallèle à la mer.

La nouvelle disposition des puits a été étudiée de manière à réduire le plus possible la charge à la sortie de manière à augmenter le débit, les puits sont rangés à 100 mètres les uns des autres le long d'un chemin pendant que le collecteur est posé de l'autre côté de ce chemin. L'eau s'écoule sous l'influence de la pente jusque dans le puisard où les pompes viennent la prendre. On compte absolument sur la constance de la production en eau, on se base pour avoir cette confiance sur le fait que l'eau n'a pas baissé dans les anciens puits.

On cite l'alimentation de Suwance assurée depuis de longues années par des puits artésiens sans que la couche artésienne diminue.

Nous citerons encore la grande installation hydraulique de Memphis (Tennessée) donnant 100.000 mètres cubes par 24 heures, et l'installation de la ville de Lowell également fondée sur l'emploi des eaux artésiennes.

Filtre à sable de la ville de Lawrence.

(Planche 92).

Nous avons vu que la ville de Savannah et plusieurs autres s'adressaient aux puits artésiens pour s'approvisionner d'eau pure : dans d'autres endroits, au contraire, c'est à des filtres qu'on demande de purifier les eaux. Nous en donnerons un exemple récent; le filtre installé à Lawrence (Massachusets) pour la purification des eaux de la ville.

La ville de Lawrence a 45.000 habitants et sa consommation atteint 14.000 mètres cubes soit 300 litres par habitant.

Le premier service d'eaux a été installé en 1875; l'eau était prise dans le Merrinac au moyen d'une galerie filtrante de 100 mètres de longueur, les pieds-droits étaient en pierre et les voûtes en briques.

La galerie filtrante débitait peu, et une série d'analyses a montré que la plus grande partie des eaux provenait non pas du Merrinac, dont le lit s'était colmaté mais des couches aquiférées environnantes, et que l'eau du Merrinac était plus pure que l'eau puisée dans la galerie.

La ville de Lavrence a subi depuis nombre d'années une forte mortalité due à la fièvre typhoïde, cela n'a rien d'étonnant, l'alimentation en eau se puisant en somme dans le Merrinac à quelques kilomètres en dessous du déversoir des égouts de la ville de Lowell, toute apparition de la fièvre typhoïde dans cette dernière ville se répercutant aussitôt sur l'état sanitaire de Lawrence.

A la suite d'une étude faite par le conseil sanitaire, il fut décidé de confier à M. Mills, président de ce corps l'organisation d'un système de filtrage.

La surface des filtres a 1 hectare et doit filtrer 20.000 mètres cubes par jour. Les filtres sont séparés du Merrinac par une digue construite avec les terres provenant des fouilles.

L'excavation destinée à recevoir le filtre a été creusée jusqu'à $2^m,10$ en dessous de l'étiage, et la digue est assez élevée pour préserver l'ouvrage des plus hautes crues. La surface du filtre est elle-même en contre-bas de $0^m,75$ des basses eaux. L'eau est admise sur le filtre au moyen d'une buse traversant la digue, et munie d'une vanne. L'eau arrivant par cette buse se distribue par des rigoles cimentées de faible section traversant le filtre dans toute sa largeur et placées à 10 mètres d'axe en axe, l'eau déborde par dessus les bords de ces rigoles et se déverse ainsi sur le filtre.

Le fond du filtre est disposé de manière à présenter une série de dépressions dont l'axe est parallèle à la direction des rigoles de distribution; dans le fond de chacune de ces dépressions se trouve un drain entouré de pierres en cinq couches de dimensions différentes, ces couches représentent $0^m,30$ d'épaisseur, par dessus on met une couche de 25 centimètres d'épaisseur de gravier grossier, puis le tout est recouvert de sable.

La surface du sable suit la forme des dépressions du fond, mais avec 5 mètres de déplacement d'axe.

Lorsqu'on met le filtre en marche on admet l'eau de manière à couvrir la surface sur une épaisseur de $0^m,30$ qui est conservée pendant la plus grande partie de la journée.

Les pompes marchent 19 heures par jour; à peu près cinq heures avant l'arrêt, on ferme la vanne introductrice de l'eau venant du fleuve, et, les pompes continuant à marcher, le sable ne tarde pas à être découvert et le filtre est asséché presque jusqu'au fond, l'air venant aussitôt prendre sa place. On n'ouvre l'arrivée d'eau qu'une heure avant de mettre les pompes en marche. Cette interruption dans le filtrage est considérée par la commission sanitaire comme suffisante pour constituer l'intermittence du filtrage et bénéficier des avantages inhérents à ce système.

Le sable est de deux grosseurs différentes, le premier occupe $0^m,90$ d'épaisseur et s'étend sur une largeur de 7 mètres dans chaque dépression, la dimension des grains est de $0^m,3$ de diamètre environ, sa capacité de filtration quand il est propre est considérable; directement contre les pierres qui entourent les drains se trouve un sable plus fin dont les grains n'ont que $0^{mm},25$.

Il a été reconnu bon de ne pas admettre une charge supérieure à $0^m,30$ d'eau au-dessus du filtre. La réduction du pouvoir filtrant descend très vite ; les limons des eaux du fleuve viennent colmater rapidement la surface des filtres. Aussi pour ne pas voir le rendement baisser au moment des besoins, on enlève tous les mois de 15 à 25 mm. de dépôts quand l'eau est claire. Le sable retiré est remplacé par du sable neuf. Cette opération doit être rapidement conduite. Aussi un autre filtre est-il en construction de manière à donner plus de durée à l'intermittence et par conséquent permettre d'une part de nettoyer plus facilement le filtre et de l'autre de laisser exposer à l'action de l'air les matières organiques déposées à l'intérieur de la couche de sable.

Le criblage et la classification du sable est comme on le voit une chose importante, aussi a-t-on imaginé une sorte de crible classeur qui permet de ne pas avoir besoin d'ouvriers soigneux, nous en donnons un croquis planche n° 92.

Il n'a pas été nécessaire de cribler tout le sable, on a pu en effet trouver une couche qui peut être employée directement sans préparation.

L'installation pour 20.000 mètres cubes a coûté 270.000 francs. Ce prix est peu élevé si le résultat continue à être tel qu'il est annoncé, en effet le filtrage enlèverait 98 % des bactéries qui se trouvent dans l'eau. L'état sanitaire peut seul montrer si le résultat est obtenu. La ville de Lowell dont nous avons parlé n'a pas cru devoir se contenter de ce système, et elle a préféré aller chercher les eaux en profondeur, au moyen d'un puits et d'une installation du prix de 500.000 francs.

Eaux d'alimentation des villes

(Planche 87).

Nous donnons planche 87 un dessin d'un réservoir couvert, à Waltham Les eaux d'alimentation provenant du puits creusé à proximité de la rivière avaient pris un goût fort désagréable occasionné par un développement inusité d'une algue dans le réservoir. En prenant directement dans le puits, cet inconvénient n'existait pas, mais en été il fallait cependant recourir aux eaux du réservoir et il en résultait de nombreuses réclamations.

Le seul remède était de construire un réservoir couvert de 4.000.000 de litres.

Le réservoir se compose d'un bassin recouvert par des voûtes supportées par des piliers; mais ce qui est intéressant c'est qu'au centre on a
ménagé un puits de 12 mètres de diamètre couvert par une voûte qui
n'a que trois briques dépaisseur. Une cornière en fer noyée dans la maçonnerie empêche la poussée au vide.

CHAPITRE III

BARRAGES

Les barrages sont très répandus en Amérique, surtout dans les régions montagneuses, on a vite besoin de la force hydraulique, soit pour l'industrie, soit pour les mines, et les montagnes rocheuses présentent de nombreux exemples de ce genre de travail.

Souvent ces barrages sont en bois, même pour résister à des charges considérables, cependant, en général, dès que l'ouvrage a un caractère de permanence, la maçonnerie est aussitôt employée.

Les barrages ne présentent pas de caractères spéciaux, c'est plutôt dans les méthodes de constructions employées qu'on peut trouver quelque chose de nouveau.

Barrage de Basin Creek

(Planches 94-96).

Nous citerons entre autres exemples le barrage de *Basin Creek* destiné à l'alimentation en eau de la ville de Butte, dans l'État de Montana. (Pl. 94 et 96.)

Le barrage à 36 mètres de hauteur en son point le plus élevé et sa longueur atteint 100 mètres ; il est construit suivant une courbe de 120 mètres de rayon, il est constitué par deux murs en pierres de taille à grand appareil, entre lesquels on pilonne du béton.

Toute la manutention est faite au moyen d'un funiculaire sur câble, installé par la Lidgervood Cᵒ ; le câble de support en acier a 56 millimètres de diamètre, et l'intervalle entre les deux supports est de 267 mètres, il peut porter six tonnes.

Le câble repose sur deux chevalets dont l'un a 24 mètres de hauteur et l'autre 4ᵐ,50 seulement.

On a été conduit à donner cette longueur au câble de manière à lui faire desservir la carrière de pierre, bien entendu le câble est placé suivant la corde moyenne de l'arc de courbure du mur.

Les pierres sont directement prises sur le chantier de la carrière, et directement mises en place par le chariot du câble, sans aucune reprise ou manutention : dans ce but, la machine motrice a été placée assez loin du chevalet extrême, en sorte que le mécanicien peut suivre facilement des yeux toute la manœuvre de mise en place des pierres ou du béton en évitant ainsi l'emploi de toute grue ou de tout appareil de manutention.

Comme en certains points la courbe du barrage fait que les pierres, ne peuvent être descendues directement en place, on a imaginé de fixer un palan sur un amarrage et, au moyen d'une poulie de rappel et d'un cheval, on peut mettre le bloc de pierre précisément là où on veut (pl. 96).

Le câble suffit parfaitement à alimenter le chantier, la rapidité d'exécution est très grande avec une grande simplicité dans les installations et dans les manutentions, tout en permettant l'emploi du maximum de maçons. En 16 jours, en juin 1892, il était fait avec 86 hommes en tout, tant à la maçonnerie qu'aux carrières, et à la machine 1.400 mèt. cubes, soit une moyenne de 15 mètres cubes par jour et par maçon, le volume de pierre varie de 1/2 à 1^{m3},1/2.

Le funiculaire n'a été établi qu'après le creusement des fondations, et on a bien regretté ce retard, car on estime qu'il eut été possible de réaliser des économies s'élevant à 1/3 sur les dépenses faites pour les fouilles.

Le câble et son installation ne demandent pour ainsi dire aucune réparation. Pendant l'achèvement du barrage on s'est décidé à laisser monter l'eau en l'arrêtant en contre-bas des maçonneries, de manière à approvisionner la construction avec des pierres transportées par eau.

Pour montrer combien l'emploi de ce câble facilite les opérations nous citerons ce fait que la bétonnière avec sa machine ayant dû être déplacée, il n'a fallu que deux heures pour exécuter ce travail qui aurait pris sans cela plusieurs jours, entraînant autant de durée de suspension de travail.

Barrage d'Austin, Texas sur le Colorado
(Planches 93-94-96).

En 1890, un barrage considérable a été entrepris à Austin (Texas), au travers du Colorado, cet ouvrage présentait de très grandes difficultés, en raison des dimensions de l'ouvrage, de la fréquence et de la hauteur des crues, enfin de l'éloignement des grands centres d'approvisionnement en ciment et en matériaux. Il présente un intérêt particulier, car il peut servir de termes de comparaison avec un travail semblable exécuté en Angleterre, le barrage de Vyrnwy, faisant partie du système d'alimentation de Liverpool.

Le tableau suivant montre les conditions principales d'établissement.

	Barrage de Vyrnwy	Barrage d'Austin
Longueur.	351^m,60	372^m,50
Hauteur	48 ,30	20 ,40
Fouilles en terrain ordinaire. . .	200.000^{m3}	90.000^{m3}
Fouilles en rocher.		28.000^{m3}
Maçonnerie	230.000^{m3}	80.000^{ms}
Dépense totale	14.200.000 fr.	2.880.000 fr.

La hauteur est beaucoup moins considérable, mais il est un facteur très important, c'est la rapidité d'alimentation. Il a fallu huit années pour terminer sans avoir à redouter les crues le barrage de Vyrnwy, tandis que malgré les crues, le barrage d'Austin a été livré trois années après son commencement. C'est à cette rapidité d'exécution qu'on attribue la différence de prix, car, la main-d'œuvre est plus chère au Texas.

Le ciment de Portland est d'un prix bien plus élevé, et le système de construction en gros blocs est identique, le barrage d'Austin étant plutôt dans une situation inférieure au point de vue économique, les blocs ayant des dimensions plus grandes.

C'est en raison de cette comparaison qu'il nous a paru intéressant de donner quelques indications sur l'outillage employé, puisque c'est à lui qu'on doit attribuer l'économie et la rapidité de la construction.

Les études pour le barrage ont été commencées en mai 1890, le traité d'entreprise était signé en octobre et les travaux étaient commencés dans le même mois.

Les spécifications étaient les suivantes :

Le barrage devait avoir 20 mètres de hauteur, avoir ses deux faces amont et aval, revêtues d'un parement en granit, le remplissage intérieur étant fait en maçonnerie de calcaire de bonne qualité, pesant au moins 2.200 kilogrammes au mètre cube, le mortier employé devait être composé de une partie de ciment de Portland et de trois de sable ;

le calcaire était pris sur place, mais le granit devait supporter un voyage de 90 kilomètres par rails.

Pendant le premier hiver, l'entrepreneur fit construire un raccordement en voie ferrée de 5 kilomètres de longueur, poussa le creusement des fouilles et prépara toutes ses installations.

La plus intéressante installation consistait en un funiculaire à câble aérien, analogue à celui que nous avons décrit à propos du barrage de Brette. C'est également la même maison de New-York, la Ligerwood Manufacturing C°, qui avait fourni cette installation qui mérite une description particulière.

Il faut dire que la topographie du chantier se prêtait très bien à l'emploi d'une installation de ce genre, la berge ouest dépasse de 22 mètres la crête du barrage, tandis que la berge est, bien que plus basse que l'autre, est encore à 3 mètres au-dessus de cette crête.

Le câble était porté par deux pylônes en charpente, le pylône de l'ouest avait 21 mètres de hauteur, c'était auprès de lui que le treuil de commande était installé, le pylône ouest n'avait que 10 mètres de hauteur. Le câble porteur avait 65 millimètres de diamètre, 555 mètres de longueur totale, la partie située entre les deux pylônes ayant 415 mètres d'une seule portée. C'est à notre connaissance la plus grande longueur employée avec des appareils de ce genre.

La carrière de calcaire était située sur la berge ouest et à 400 mètres en amont, un plan incliné marchant par la gravité apportait les pierres de la carrière sous le câble, qui les reprenait et venait les déposer auprès des grues de chantier à vapeur (employées partout en Amérique où elles ont été importées d'Angleterre), les grues sont trop connues pour les décrire, les vues que nous donnons des chantiers les explique suffisamment. Le plan incliné était à double voie sur tout son parcours.

Dans les crues, la partie inférieure du plan incliné était submergée, et il fallait apporter la pierre sur des chalands. Le granit arrivait sur la berge est, il était repris de la même manière par le câble et repris par les grues à vapeur, le mortier était gâché auprès des maçons sur le mur lui-même, mais le sable et le ciment étaient apportés par le câble, la charge habituelle était de 5 tonnes, la capacité de transport du câble atteignait 180 mètres cubes par jour pour une distance de transport moyenne de 300 mètres, au-dessus, ce chiffre baissait en raison du temps nécessaire pour le transport.

On peut critiquer l'emploi des grues à vapeur, on aurait pu, en effet, en employant deux câbles, éviter la reprise des matériaux par les grues et effectuer le travail directement, un câble étant attribué à chaque face, c'est ce qu'on eut fait si on avait déjà eu l'expérience d'une installation pareille, mais comme c'était la première fois qu'un câble était employé avec d'aussi grandes dimensions, l'entrepreneur n'avait pas osé baser toute son organisation sur ce système, mais à l'avenir, dans un cas pareil, les grues disparaîtraient au grand avantage de la rapidité et de l'économie dans la construction.

Les fouilles qui ont dû être poussées jusqu'à 3^m,30 dans le lit de la rivière pour rencontrer le rocher, ont été gênées par des venues d'eau très considérables, les épuisements étaient faits au moyen de deux pompes centrifuges de 0^m,15 de diamètre (au tuyau de décharge), mais dans certains endroits il fut impossible d'affranchir les venues d'eau, et les fondations furent faites en béton de ciment coulé sous l'eau. Là où des sources abondantes se sont présentées, il a été reconnu nécessaire de leur ménager une issue au travers de la maçonnerie au moyen de tubes en tôle, qui conduisaient l'eau directement aux pompes, lorsque la maçonnerie était bien prise sur une certaine hauteur, on comblait le puits ménagé pour le passage du tuyau avec du béton contenant une forte proportion de ciment à prise rapide, enfin, on fermait le tube au moyen d'une bride et d'un chapeau, le tout était noyé dans la maçonnerie inférieure. Les fondations dans le lit de la rivière proprement dit, furent faites au moyen d'une dérivation et d'un batardeau construit en moellons et en terre. Trois buses en fonte de 0^m,71 de diamètre ont été ménagées à 4 mètres de hauteur au-dessus des basses eaux, ces buses portent des vannes qu'on peut manœuvrer de l'intérieur d'une chambre ménagée dans l'épaisseur du mur. On parvient à cette chambre par un regard débouchant sur la crête du barrage.

Comme ces buses ne seraient par capables de débiter toute l'eau provenant du courant de la rivière, on a ménagé des vannes en bois.

Nous ajouterons le tableau suivant donnant quelques indications sur le barrage, complétant celles que nous avons déjà données en le comparant au barrage de Vyrnwy.

Largeur à la base.	20 mètres
Puissance en chevaux pour 60 heures de travail par semaine.	14.500 chevaux

Débit minimum par seconde. . . . . .   30 mètres cubes
— maximum . . . .   7.500   —
Bassin de la rivière en amont . . . . .   110.000 kilomètres carrés
Longueur du lac artificiel . . . . . .   36 kilomètres
Dimension maximum des blocs de granit entrant dans la construction. . . . . .   3 mètres cubes.

Ce que ce barrage présente d'intéressant ne réside pas seulement dans le travail en lui-même, mais il est un exemple de l'initiative, et de l'individualisme des villes et des corporations.

En l'espèce, il s'agit d'une ville qui dénuée d'industrie, n'ayant que du combustible à un prix élevé, s'est décidée à construire une retenue d'eau produisant une force motrice considérable, de manière à permettre à des industries mécaniques de s'implanter dans son voisinage.

Les progrès de la civilisation sont tels aux États-Unis que les villes les plus excentriques sont intimement persuadées qu'aucun développement ne peut se produire dans la richesse d'une ville que s'il est basé sur un grand développement industriel, et qu'aucun développement industriel ne peut se produire que si on met à sa disposition de la force motrice et des procédés mécaniques à bas prix.

L'installation mécanique est fort intéressante, elle comprend huit turbines de 500 chevaux installées sous 18 mètres de charge sur la berge, est destinée à mettre en mouvement des dynamos destinées, soit à l'éclairage, soit au transport de force, enfin, quatre turbines à axe horizontal de 200 chevaux, commandent des pompes pouvant débiter 16.000 mètres cubes par 24 heures. On voit qu'il reste encore 10.000 chevaux disponibles, enfin, un réservoir de 400.000 mètres destiné à l'alimentation de la ville a été prévu dans une vallée latérale, le barrage serait composé d'une âme en maçonnerie revêtue de terre. Les conduites abductrices de l'eau provenant de ce réservoir passeraient en encorbellement le long du barrage.

Nous donnons planche 96 le plan des turbines, qui n'occupent que la moitié des installations prévues. Les installations mécaniques et hydrauliques sont évaluées à 2.500.000 francs.

CHAPITRE IV

TUNNELS, EXCAVATEURS, DRAGUES

Tunnels

(Planches 97-98).

Depuis un certain nombre d'années les tunnels se sont multipliés aux Etats-Unis non seulement pour les chemins de fer, mais aussi pour des conduites d'eau, les passages sous les rivières, etc., etc.

En général les méthodes suivies ressemblent à celles adoptées depuis longtemps en Europe ; des entreprises hardies ont été faites, trop hardies puisque certaines ont échoué, nous faisons allusion ici au tunnel qui devait réunir New-York à la terre ferme et qu'on a été obligé d'abandonner.

Toutefois nous pensons utile de signaler les derniers travaux de ce genre qui, présentant des difficultés, montrent qu'en Amérique on sait employer les méthodes lentes mais sûres qui depuis de longues années sont classiques sur le Continent.

Construction de l'Howard Street Tunnel (Baltimore).

(Planches 97-98).

Parmi les tunnels ayant présenté des difficultés sérieuses nous citerons les tunnels du chemin de fer de ceinture de Baltimore.

Le chemin de fer de ceinture de Baltimore a été créé à la suite d'une entente des Compagnies du Baltimore and Ohio et du Western of Maryland, ayant pour objet la construction d'une ligne de raccordement à double voie de 11^k,500, située en grande partie dans l'intérieur de la Ville. Ce chemin de fer destiné à rapprocher les voyageurs du centre de la ville a été construit partie en tranchée à ciel ouvert, partie en tunnel.

Le point le plus délicat a été la construction du tunnel de Howard street de 2500 mètres de longueur, passant précisément sous le quartier des affaires. Le sol au travers duquel passe le tunnel a une contexture très variable, mais est composé en grande partie de sable plus ou moins fin traversé par des bancs d'argile et de graviers. Quelquefois cette argile était si dure qu'il fallait l'attaquer à la poudre, enfin on rencontre aussi du rocher.

Cependant la plus grande partie du tunnel est dans un terrain facile à attaquer mais très aquifère, et, on ne pouvait tenir la terre que par des boucliers. Ceci, comme on le pense, demandait des précautions spéciales pour empêcher l'affaissement des rues et des constructions en dessous desquelles on passait ainsi.

L'attaque était faite suivant la méthode bien connue de l'attaque par en bas. Les pieds-droits étaient construits d'abord, ces pieds-droits servaient de supports aux cintres. Ces pieds-droits étaient construits au moyen de deux galeries latérales et la voûte au moyen d'une galerie supérieure.

Dans certaines parties il a fallu consolider le toit au moyen d'injection de ciment délayé et forcé sous pression, au moyen de tubes dans la masse même du sable.

Le dégagement du noyau central ne s'est fait qu'ultérieurement, lors de la construction du radier, de cette manière le bouclier ne régnait que sur la partie supérieure de l'attaque.

Le drainage des arrivées d'eau, qui étaient considérables, se faisait par les galeries des pieds-droits.

La construction des pieds-droits a été faite par segments successifs, on dégageait un certaine largeur de terrain, en entretoisant les pieds-droits puis après avoir enfoncé à droite et à gauche des boissages, un rang de palplanches, on coulait une couche de 0^m,20 de béton et par dessus on construisait la voûte du radier.

Mais souvent il fallait diminuer la largeur de l'attaque quand le terrain était mauvais, et même là ou les sables étaient fluents il a fallu faire un premier radier en bois. Dans d'autres endroits il a fallu commencer par le milieu du radier.

Les muraillements sont en briques avec mortier de ciment.

A la sortie du tunnel, toute une section a été construite à ciel ouvert, puis la voûte recouverte ensuite. Dans cette partie on a employé avec succès des câbles aériens comme dans divers exemples que nous avons cités dans cet ouvrage.

Le tunnel a été construit par moitié, de manière à n'interrompre le trafic que sur la moitié de la rue. Les pieds-droits étaient d'abord construits, puis un plancher provisoire recevait le pavage et les voies de tramway. Pendant ce temps la voûte était construite en dessous, on ne paraît pas avoir employé le sol comme cintre.

Les câbles ont servi à l'excavation destinée à recevoir les fondations des pieds-droits ainsi qu'au transport des matériaux ; après l'enlèvement des déblais, ces câbles ont servi à l'exclusion de toute grue ou chèvre, ils étaient du système Lidgerwood.

Cette disposition des câbles était très intéressante, car elle permettait de ne gêner en rien la circulation, les câbles et les bennes passant au-dessus des passants et des voitures sans supports intermédiaires.

Ce tunnel a été certainement un des plus délicats à construire qui aient été rencontrés par les ingénieurs et a demandé beaucoup de patience et de soin. Les dommages à payer aux riverains sans être nuls ont été très peu importants. La direction des travaux était confiée à MM. W. T. Manning, ingénieur en chef, John B. Bott, W. Howat, John Riley, et Janon Fisher. Il fait honneur à cette direction et aux entrepreneurs.

Tunnel du Great Northern Pacific, à la traversée des montagnes de la Cascade

(Planche 95).

Le Great Northern Pacific avait rencontré au passage de la chaîne appelée « Cascade Mountains » un seuil difficile à franchir, et, par mesure d'économie avait adopté une série de rebroussements avec des rampes de 35 millimètres pas mètre, alors que sur le reste de la ligne, les rampes sont limitées à 20 millimètres par mètre. Cette section fait partie d'une ligne, de 1.300 kilomètres environ, construite en 1870 par la Compagnie, pour se donner un accès au Pacifie.

La construction du tunnel avait été reculée après avis de la dépense qu'elle devait entraîner, sa longueur étant de 400 mètres environ.

En attendant le passage se fait au moyen de 4 rebroussements à la montée qui se fait avec des rampes maxima de 35 millimètres pour passer au col à 1300 mètres environ au-dessous du niveau de la mer.

La descente est plus difficile, il a fallu admettre des rampes de 40 milli-

mètres par mètre et cinq rebroussements et il a fallu traverser trois
fois la Skykomish, rivière qui prend sa source dans la montagne.

Quoiqu'il en soit, le passage s'effectue très bien mais il faut couper les
trains, et ces manœuvres prennent beaucoup de temps. Le Northern
Pacific ayant terminé ses tunnels, le Great Northern a dû entreprendre
le sien sous peine de se voir battre par la concurrence.

Le tunnel est à voie simple et de 4^m,90 de largeur, il est muraillé en
briques, sa dépense est évalué à 100.000.000 de francs, soit 2500 fr. du
mètre courant.

La pente a été limitée dans le tunnel à 18 millimètres ce qui est beaucoup à notre avis, si on tient compte du coefficient d'adhérence qui baisse
d'une quantité considérable dans le tunnel.

Le nouveau tunnel des Palissades

(Planche 97).

La rive ouest de l'Hudson forme, aux abords de New-York, une sorte
de falaise escarpée qui, en se prolongeant vers le nord, forme les palissades si connues des rives de l'Hudson.

Tous les chemins de fer aboutissant à New-York ont rencontré dans
ces formations géologiques un obstacle formidable. Déjà trois tunnels
ont été percés et sont employés par les Compagnies de New-York Lake
Erie and Western, le Delaware Lackawana and Western et le West
Shore, les deux premiers tunnels ont leur entrée auprès l'une de l'autre
et leur sortie à environ 600 mètres, leur direction sous terre étant
divergente. Le troisième souterrain est beaucoup plus au nord.

Ce tunnel a été entrepris par l'Hudson and Terminus C°, mais très
probablement pour le service des Compagnies du Canadian Pacific et du
Pensylvania Railroad. Nous donnons le plan général et son profil en
long.

Il a fallu traverser les lignes de chemin de fer du West Shore and
New-York, Susquehanna and Western et Northern Railroad of New-
Jersey, sur des ponts supérieurs, les deux premiers passages ont
35 mètres d'ouverture, le troisième 25 mètres.

Le tunnel a 4550 mètres de longueur, le profil en travers type, en
rochers, a 7^m,80 de largeur et 6^m,30 de largeur, la voûte est surbaissée.
Dans les parties où le rocher n'est pas assez consistant pour être aban-

donné à lui-même, le muraillement laisse une section plus grande, mais de même forme.

Toutes les maçonneries sont en briques, nous donnons (pl. 95-96) les profils types dans les deux cas.

Le tunnel est en rampe continue de $3^{mm},6$ par mètre sauf sur la dernière partie ou il descend avec la même pente.

La roche est du trap constituant tout le massif des palissades.

L'attaque de la tête a été particulièrement difficile, la tranchée préliminaire avait révélé la présence d'un terrain remanié composé d'éboulis renfermant des blocs de rochers ; aussi lorsque la tranchée fut arrivée à 25 mètres de profondeur, on fut obligé d'entrer en souterrain, mais il fut reconnu que le rocher était décollé et en état instable, que par suite il n'était pas possible de l'attaquer sur toute la section du tunnel.

On suivit le procédé que voici :

Une galerie à petite section fut formée jusqu'au rocher solide, puis on revint en arrière en battant au large, et en soutenant le massif au fur et à mesure.

La galerie d'attaque avait $2^m,10$ sur 3 mètres, mais le rocher compact fut vite atteint, après une attaque de 15 à 18 mètres de longueur.

Il nous semble que l'emplacement avait été choisi un peu à la légère, une série de sondages aurait facilement permis de trouver un point où le rocher était parfaitement sain. C'est ainsi au reste par la négligence apportée aux études préliminaires que bien des entreprises présentent de grandes difficultés et de gros déboires, si faciles à éviter par une étude minutieuse des lieux et des terrains. On peut dire que jamais en matière de tunnels, de ponts, etc., il n'y aura trop de coups de sonde.

L'attaque ouest a été plus heureuse, le rocher solide ayant été rencontré rapidement. Cependant toute la masse de la montagne n'est pas homogène, et, à plusieurs reprises, il a fallu boiser et murailler pour soutenir le toit. Le travail a été attaqué en dehors des deux têtes par trois puits donnant huit fronts de taille.

Le tunnel est attaqué par une galerie supérieure de 5 mètres de largeur et $2^m,10$ de hauteur, puis battue au large à la section définitive.

L'attaque se fait au moyen de 24 trous de mine de $2^m,40$ de profondeur.

Huit trous sont percés au centre et mis en feu d'abord, puis les seize autres trous, répartis sur le pourtour, sont allumés ensuite.

Des mines sont forées pour battre au large.

La roche est remarquablement dure, c'est un trap veiné de filons de calcite et contenant de la pyrite de fer. On se sert de perforatrices Ingersol, l'avancement de l'outil, de $0^m,90$ à l'heure, pour un trou de $0^m,50$, est considéré comme un très bon rendement. La consommation en explosif est de 12 à 14 tonnes par mois au dosage de 60 % de nitroglycérine.

La roche est détachée en gros blocs, et on a disposé la voie de service de manière à enlever les débris sans avoir besoin de les diviser à nouveau. A cet effet, on se sert d'une grue roulante, se déplaçant sur une voie centrale, tandis que les wagons à déblais suivent deux voies latérales.

Les plates-formes des wagonnets sont mobiles, la grue les prend, les pose à terre, puis charge les blocs dessus, puis cette même grue reprend la plate-forme chargée et la repose sur les essieux. On peut ainsi charger des blocs de grandes dimensions qu'on n'aurait pu charger directement à la grue à cause du peu de hauteur dont on dispose. La traction des wagonnets s'est faite à l'origine par des chevaux, dans la suite, on a employé une locomotive.

Les installations mécaniques ont été très largement traitées, elles comprennent une batterie de huit chaudières de 100 chevaux desservant quatre compresseurs Rand et une machine à vapeur conduisant une dynamo alimentant trente lampes.

L'air comprimé est distribué par dessus la montagne aux différentes attaques par des tuyaux de $0^m,20$ à $0^m,30$ de diamètre. Le courant électrique est également conduit par des câbles.

L'outillage comprenait, en outre, 3 locomotives 106 wagons, 5 chaudières-locomobiles, 7 treuils d'extraction à vapeur, 15 grues roulantes, 40 tombereaux, 6 voitures et 45 chevaux. Les chantiers employaient 500 ouvriers.

Excavateurs

(Planches 99-100).

Dans une autre partie de l'ouvrage, nous avons déjà parlé des excavateurs (Chemins de fer), mais nous pensons devoir reprendre un peu cette question au point de vue des travaux de terrassement.

L'emploi de l'excavateur est absolument général, aussi bien pour la construction des lignes de chemin de fer que pour les exploitations de mines à ciel ouvert, les canaux, les excavations en un mot de quelque nature que ce soit. L'appareil est le même qu'il soit sur un wagon pour travailler à sec ou sur bateau pour les travaux sous l'Océan. La drague à godets est rarement employée.

Les excavateurs se ressemblent tous plus ou moins, c'est surtout dans l'attaque, qui dépend de la nature des terrains, que l'emploi des excavateurs diffère.

Les godets ont une forme qui dépend de la nature du terrain attaqué, on leur donne une forme cylindrique quand il s'agit de sable, et conique la grande base étant à la partie inférieure, s'il s'agit de terre forte pouvant adhérer aux parois ; la rapidité de manœuvre est très grande, elle varie de 1 coup par 35 secondes à 1 coup par 2 minutes, suivant la nature du terrain.

La capacité du godet varie également comme volume entre $0^{m3},75$ et 2 mètres cubes.

Le matériel de transport varie avec la méthode de travail et la distance de transport. Dans le cas où les déblais doivent être emportés à grande distance, soit qu'il s'agisse de travaux dans une ville, soit que le déblai soit composé de graviers devant être utilisés au ballastage, on emploie ou des wagons de grande voie, ou des wagons à voie de $0^m,60$, $0^m,75$ ou $0^m,91$. Dans le premier cas, s'il s'agit de ballast, on se sert de la charrue à double soc pour décharger les wagons que nous avons décrits dans la partie relative aux chemins de fer, si, au contraire, on emploie du matériel spécial à voie étroite, on prend des wagons basculants.

En général, la production de l'excavateur excède les moyen de transport, on ne peut arriver dès que la distance de transport des déblais est un peu considérable à utiliser complètement la puissance de l'excavateur.

L'équipe d'un excavateur se compose de quatre à huit hommes suivant la nature du sol. Elle se compose d'un mécanicien, d'un conducteur de la manœuvre du godet, de deux aides s'il s'agit de sable, de six si, au contraire, on se trouve en face d'un terrain compact, de blocs à faire sauter, d'arbres à déblayer, etc.

Presque tous les excavateurs sont automoteurs, le mouvement est communiqué à un ou plusieurs essieux par une chaîne Gall, la vitesse de marche est de 7 à 8 kilomètres à l'heure, cependant tout est disposé de manière à ce que l'appareil puisse être attelé dans un train de petite vitesse comme un wagon ordinaire.

Tous les renvois de mouvement sont faits par des chaines de fer, l'acier n'ayant pas donné de bons résultats.

Dans des terrains convenablement attaquables, un excavateur peut donner 1.500 mètres cubes de déblai par jour, mais c'est un maximum difficile à atteindre, à cause surtout de la difficulté d'enlever les déblais assez rapidement, on n'a pu arriver à ces résultats qu'à titre exceptionnel, quand, en outre d'un terrain favorable, on s'est trouvé dans le cas d'un élargissement de tranchées et qu'on disposait par cela même d'une voie latérale contiguë sur laquelle on pouvait avancer des wagons vides par leur extrémité pendant que les wagons chargés continuaient à la décharge.

Nous n'avons pas vu d'excavateurs à godets multiples et chaîne sans fin en Amérique du genre de ceux qui sont employés en Europe.

Dragues
(Planches 101-102-103-104).

Les mêmes appareils montés sur bateau donnent la drague la plus employée aux États-Unis pour les travaux sous l'eau, le manche du godet doit être allongé, et certaines modifications sont apportées dans la grue, car le godet doit attaquer le sol en dessous de lui au lieu d'opérer en face. Mais le fonctionnement reste le même. La présence de l'eau facilite même l'opération en formant une couche lubrifiante entre le déblai et la paroi du godet.

Dans le cas de la drague, le chaland est déplacé au moyen d'un cabestan à vapeur, et les déblais sont déposés dans des chalands ordinaires.

Ayant déjà donné dans les autres parties de l'ouvrage des détails sur les excavateurs, nous n'y reviendrons pas, mais comme nous n'avons pas eu l'occasion de parler des dragues, nous pensons devoir donner les dessins et quelques détails sur une drague construite à Chicago dans les ateliers Excelsior Iron Works, pour les travaux à exécuter sur les grands lacs.

Le ponton portant la drague est de forme carrée, l'arrière qui devient l'avant, quand la drague est remorquée, est coupé en sifflet par un plan à 30°.

La carcasse et le bâti de la machine sont supportés par des poutres armées,

Le bordé est simple et en sapin, l'avant et une défense tout autour du chaland sont en chêne, la membrure est elle-même en chêne.

Il n'y a point de compartiment étanche, et comme le bordé est simple, un abordage sérieux entrainerait la perte de l'engin, à moins que les pompes ne soient assez fortes pour affranchir la voie d'eau. Comme la drague ne tire que 1m,30, il y a peu de chance qu'elle touche le fond.

Lorsque la drague doit travailler, il convient de la fixer, à cet effet, le chaland porte des étançons formés de diverses pièces de chêne assemblées par des boulons et ayant 0m,60 de section carrée, un troisième semblable est placé à l'arrière, il est destiné à empêcher la drague de reculer sous l'effort du godet pour entamer le terrain.

Les étançons sont munis d'une lourde tête en acier. Lorqu'on veut fixer la drague, les trois étançons sont descendus et des taquets viennent faire supporter la charge par eux au moyen de crapauds qui viennent pendre dans une crémaillère de 8 mètres de long, fixée à chaque étançon.

La manœuvre de relevage des étançons est bien simple, un rochet est fixé à la tige et un piston à vapeur spécial placé auprès de chacun des deux étançons d'avant; en ouvrant un robinet, la vapeur est admise sous le piston et relève de la longueur de sa course, l'étançon que le crapaud arrête, on referme le robinet, le piston redescend et ainsi de suite jusqu'à ce que l'étançon soit assez haut; comme les crapauds des roches pourraient être difficiles à relever, on a disposé sur chacun d'eux un trou permettant d'y poser un levier.

La disposition de l'étançon d'arrière est semblable bien qu'un peu modifiée, de manière à pouvoir agir obliquement. La carcasse et le bâti sont renforcés à la hauteur des étançons de manière à répartir l'effort sur une plus grande longueur.

Le godet et son bras sont suspendus entre deux poutrelles d'acier, tout l'ensemble porte sur deux sommiers en chêne de 40 sur 45 d'équarrissage

Le dragueur se tient au pied du pivot de la drague et manœuvre le godet dans sa descente, la direction de son attaque, et sa vidange, quand il est sorti de l'eau remplie de déblais et qu'il est venu se placer au-dessus du chaland.

Les autres opérations sont confiées au mécanicien du bord qui est aussi chargé de donner au treuil à vapeur la direction des poutrelles de support du godet. Cette direction est donnée au moyen de deux chaînes s'enroulant sur un tambour, la machine qui commande ce mouvement a des cylindres de 0^m,20 de diamètre et 0^m,30 de course.

Le treuil de commande de la drague est conduit par une machine horizontale à deux cylindres de 0^m,350 de diamètre et de 0^m,40 de course, sans changement de marche, la machine tournant toujours dans le même sens.

La chaudière qui donne la vapeur à toutes les installations du bateau est du type locomobile, elle a 100 mètres carrés de surface de chauffe et deux mètres de surface de grille, l'alimentation est faite par un injecteur Vandcock et une pompe Worthington, cette dernière est disposée de manière a servir pour le lavage du pont, comme pompe à incendie, etc., trois éjecteurs sont disposés dans la coque de manière à permettre d'épuiser l'eau qui pourrait s'introduire dans la cale à la suite d'un accident.

La drague peut se déplacer à faible vitesse elle-même en se servant de son godet comme d'une rame placée à l'arrière, la direction est donnée en faisant varier la position du support du bras du godet.

Dès qu'il y a un parcours un peu sérieux, il faut avoir recours à un remorqueur.

Le godet a une capacité de 3 mètres cubes et peut aller creuser à 9 mètres de profondeur et à 16 mètres de distance du pivot.

La production par journée de 10 heures dans un terrain convenable atteint 2.200 mètres cubes quand les déblais sont versés dans des chalands et 1.600 lorsqu'il faut mettre les dragages en déblai sur une berge.

Nous avons pu voir cinq de ces dragues travaillant côte à côte dans le port de Chicago, et avec une remarquable rapidité, il ne faut pas plus de 45 secondes par coup de drague donné au fond et déversé dans un chaland.

Transporteur de déblais, (canal de Chicago)

(Planche 105).

La Brown Hoisting and Conveging Machine C°, de Cleveland, a construit un transporteur de déblais destiné à l'enlèvement du déblai rocheux provenant d'une tranchée de plusieurs kilomètres de longueur creusée dans le calcaire.

L'appareil consiste essentiellement en une passerelle métallique de 106^m,50 de longueur, reposant en son centre sur un chevalet élevé de 16 mètres, la pente générale de la passerelle est de 12^n,50', de telle manière qu'un bras s'abaisse dans la fouille, tandis que l'autre s'élève en l'air.

Le chevalet se compose de quatre colonnes reposant chacune sur un truck à quatre roues roulant sur des voies spéciales espacées de 11 mètres.

Un embrayage permet au mécanicien d'obtenir le déplacement de la grue par la vapeur, sa vitesse est de 40 à 50 mètres à la minute,; vitesse habituelle des chariots supérieurs. Mais en cas de besoin, cette vitesse peut être portée à 130 mètres à la minute si cela est nécessaire.

L'appareil de transport consiste en un truck roulant sur la semelle inférieure des fermes constituant la passerelle, ce truck peut supporter, suspendue en dessous de lui, une benne contenant 4 tonnes de pierre.

Une machine à vapeur est placée entre les quatre montants du chevalet; un embrayage permet de mettre en mouvement tout l'appareil en actionnant les roues arrière de deux des trucks. Cette même machine à vapeur met en marche le truck porteur de la benne qui vient se renverser au point voulu. Le mécanicien a à sa disposition trois leviers seulement avec lesquels il commande à tous les mouvements de son appareil.

La machine est garantie capable de faire 25 transports à l'heure soit 90 tonnes de roche transportées à 106 mètres, dans certains moments on a pu arriver à 41 voyages à l'heure.

11 de ces machines sont en service sur les travaux du canal de Chicago. Certaines de ces machines sont la propriété des entrepreneurs, mais les constructeurs ont également passé des traités par lesquels ils ont pour rémunération un tant pour cent des bénéfices donnés par l'emploi du système.

A première vue, l'ensemble peut sembler manquer de stabilité, cependant la machine, la chaudière, les treuils et le truck forment un lest considérable et jamais, même par des cyclones violents, il n'y a eu qu'un seul accident à déplorer, encore cet accident est-il arrivé parce qu'un de ces appareils n'étant pas suffisamment freiné a été entraîné par le vent jusqu'au delà de sa voie et a été culbuté dans un trou, depuis cette époque, le frein qui n'était appliqué qu'à une roue l'a été à toutes.

L'énorme déblai de pierre extrait avec cette machine constitue une véritable carrière disponible pour les travaux de Chicago, aussi compte-t-on bien laisser en place un ou plusieurs de ces transporteurs pour reprendre la pierre sur le tas et l'embarquer sur des bateaux qui la conduiront par le canal jusqu'auprès de la ville.

CHAPITRE V

PORTS ET RECTIFICATION DES COURS D'EAU

Travaux de protection contre les glaces flottantes
Embouchure du Delaware

(Planches 106-107).

Une grande partie des immenses fleuves du nord de l'Amérique présentent le grave inconvénient de ne pas être praticables à la navigation non pas seulement dans leurs cours supérieurs par suite de la congélation de la surface, mais aussi près de leur embouchure que le mouvement de la marée met cependant à l'abri d'une semblable aventure, à cause des glaçons énormes qui viennent ou défoncer les navires ou les bloquer le long des quais.

Bien des efforts ont été faits depuis des années dans le but d'améliorer cette situation et le gouvernement des États-Unis a entrepris des travaux considérables à l'embouchure du Delaware qui, bien que ne gelant que tous les dix ans, est interdit pour ainsi dire à la navigation pendant de longs mois par suite de l'inconvénient que nous avons signalé.

Il y a plus de cent ans que les premiers travaux ont été commencés, à cette époque où Philadelphie était le premier port de l'Amérique, et où les coques métalliques étaient inconnues, les navires avaient encore bien plus à souffrir des glaces.

Le premier « ice harbor » port à glace, comme on désigne ces travaux a été établi au siècle dernier à 65 kilomètres au-dessous de Philadelphie qui est à 150 kilomètres de la mer. On ignore à qui la dépense des travaux a incombé, il est probable toutefois que c'est à la Pensylvanie.

Ce port était formé par des jetées en bois, ajourées et remplies de pieux il ne semble pas qu'il y ait eu des travaux de dépense important. tants en amont, le tirant d'eau était de 4 mètres à mi-marée, le chenal avait 25 mètres de largeur et était normal au lit du fleuve.

Les pieux furent assez rapidement coupés par les glaces, et, comme en 1783, ils formaient un danger pour la navigation, ils furent enlevés.

Les pieux étaient en bon état, ils étaient en châtaignier, peuplier, etc., etc. Ce port s'appelait Port Penn, la carte du cours inférieur du Delaware indique sa position.

A partir du commencement de ce siècle les besoins grandissants de la navigation décidèrent le gouvernement à construire plusieurs abris à glace, plus en amont vers Philadelphie; ces points sont New-Castle, et Chester, le premier sur la rive nord, le second sur la rive ouest, à 51 kilomètres et 25 kilomètres respectivement de Philadelphie; les jetées marquées en A B C D sur la carte, datent de 1803. Les travaux EE' et F datent de 25 ans plus tard, le mode de construction est le même. Ce sont des cages en bois, formées de pilotis, et remplies de pierres. Cette addition fut malencontreuse, coupant le courant, les fonds n'ont pas manqué de s'exhausser et au bout de peu de temps le port primitif était comblé.

En 1835 les travaux étaient repris sous la direction du major Delafield, de cette époque date l'ouvrage II terminé en 1837, et le commencement de l'ouvrage H' qui ne fut jamais terminé. Vers la même époque la compagnie des chemins de fer de New-Castle and Frenchtown construisait le môle G; enfin les ouvrages B et C recevaient un couronnement en pierre de taille. C'est de cette époque que l'emploi de la pierre de taille sous cette forme date, dans la construction des abris à glace.

En 1854 l'abri carré 1 était construit sous la direction du major Souders. Cet ouvrage était en bois et rempli de pierres, puis un projet fut étudié pour agrandir le port. Ce projet était un retour en arrière, puisqu'il ne prévoyait que des ouvrages construits suivant les anciens errements.

En 1874 on construisit un mur de protection en maçonnerie, en couronnement sur l'ouvrage I et les ouvrages K, L, M furent entrepris.

Ces ouvrages ont une forme hexagonale, le grand axe parallèle au courant a 25 mètres, alors que le petit axe n'a que 12 mètres. Les fondations sont formées de pilotis formant caisson et remplis de pierres; elles s'arrêtent un peu au-dessous des bouts carrés; au-dessus le mur est en maçonnerie de granit; enfin en 1882, on construisait l'ouvrage N.

Le port représente une surface de 30.000 mètres carrés dont un tiers destiné aux navires calant plus de 4 mètres.

En 1891, le général Smith auquel les travaux étaient confiés, fit enlever l'ancien ouvrage H de manière à agrandir le port, et fit continuer l'ouvrage O. Ce dernier ouvrage différait beaucoup des précédents. Les fondations sont de même nature, mais la partie supérieure est formée d'une enveloppe ou caisson de tôle rempli de béton.

Ce travail fut terminé en trois mois avec prix de 46.000 francs, alors que les autres ouvrages demandaient deux campagnes d'été, et coû taient plus de 100.000 francs, il est vrai que les dimensions en étaient plus grandes.

On estime que les dépenses faites dans ce port depuis 90 ans se sont élevées à 12 ou 14.000.000 de francs.

Nous ne décrirons pas avec les mêmes détails le port de Chester commencé en 1803, du port de Marcus Mook commencé en 1864, celui de Rudy Island un peu plus ancien. Leur forme ressemblait toujours au type primitif consistant en deux jetées réunies à la terre et perpendiculaires à la direction du fleuve et d'ouvrages isolés.

Bien longtemps avant que ces ports ne fussent terminés, les personnes compétentes avaient reconnu leur insuffisance. Tous les ports construits en ne tenant compte que des besoins présents, ne pouvaient être agrandis qu'avec de grandes dépenses. Pendant un certain temps cependant, les autorités penchaient vers la transformation des ports de Chester et de Rudy Island.

Beaucoup de personnes intéressées à la navigation penchaient pour la construction d'un nouveau port; le colonel Ludlow, qui avait dirigé les travaux de la rivière fit prévaloir son projet qui consistait à se mettre à Liston Point et de construire le port loin de la terre, en eau profonde et de le continuer par des estacades métalliques formées de pieux à vis et supportant un tablier. Les avantages réclamés par ce système, étaient en premier lieu la possibilité de travailler en tout temps, en second lieu la facilité d'étendre le projet au fur et à mesure des besoins. Enfin les amarrages devenaient nombreux et faciles, le prix des ouvrages devant en même temps être inférieur aux travaux de maçonnerie employés avant.

En somme, ces ports d'abri contre la glace avaient été jusqu'à ce jour de deux types ou une enceinte enfermant une certaine surface d'eau, ou une série d'ouvrages isolés brisant les glaces et amortissant leur vitesse de manière à empêcher que les navires ne fussent atteints par des masses trop considérables.

Beaucoup de ces ports ont été construits pendant les vingt dernières années, surtout sur les rivières de l'ouest, l'Ohio principalement. Mais si les enceintes ne donnaient que de mauvais résultats, la surface calme du port se gelant facilement, les ouvrages isolés construits souvent en bois, n'étaient pas efficaces, il n'y avait à retenir que ceux qui étaient en maçonnerie.

Le plan primitif du colonel Ludlow consistait à construire deux estacades métalliques formant un angle dont le sommet était tourné par l'amont.

Le projet ayant été approuvé en principe, des sondages furent exécutés pendant deux années de suite, et démontrèrent qu'il fallait abandonner l'emplacement primitif, en effet la sonde descendait à 30 mètres sans sortir de la boue. Le point reconnu le plus convenable se trouve à 4 mètres en amont. Sa forme primitive en losange fut modifiée et les estacades ont reçu la forme d'une ellipse ouverte aux deux sommets ; le petit axe a 700 mètres et est parallèle à la rive, le grand axe a 800 mètres.

La partie la plus profonde a 8 mètres aux basses mers et le reste $1^m,50$; la marée est de $1^m,800$. L'estacade est formée de piles composées de six colonnes creuses en fonte, les colonnes sont entrelacées solidement, elles sont à 30 mètres les unes des autres. Ces colonnes sont terminées à la base par de larges patins, elles sont montées sur la rive et conduites par flottage, des pierres à vis jouant au travers de ces semelles complètent la fixation au sol ; puis, les colonnes sont remplies de béton. Les piles sont réunies entre elles par une passerelle de $2^m,40$ de largeur portées par six rangs de pierres vissées dans le sol.

Le coût total du travail a été de 1.515.000 francs. Certainement un port dans ces mêmes conditions, mais avec murs en maçonnerie aurait coûté plus du double.

Jusqu'à ce jour rien ne fait supposer que la construction métallique que nous venons de décrire, ne puisse résister aux plus fortes débâcles de glace ; au reste, depuis longtemps, on a construit des manoirs, des phares, etc., etc., exactement dans les mêmes conditions et on a pu se rendre compte que, si les pierres et les colonnes sont bien calculées, elles sont à l'abri de toute rupture due à l'action des glaces.

Amélioration des passes de la baie de Yaquina (Orégon)
(Planche 108).

L'entrée de la baie de Yaquina, Orégon, se trouve par 44°;41' latitude nord et 124°05 longitude ouest (Greenwich).

Elle est formée d'un côté par une presqu'île rocheuse et de l'autre, au sud, par des bancs de sable et des dunes, la plage est très plate.

Les vents du sud apportent les sables dans le fond de la baie, ils sont entraînés d'abord par des courants violents et déposés sous forme de barre au moment de la marée montante. Cette barre avait près de deux kilomètres de longueur, mais peu de largeur, sa direction était nord-sud

Nous donnons planche 108, figure 1, la carte relevée en 1880 avant tout travail de rectification.

Il existait deux passes irrégulières, l'une au sud, l'autre au nord; les fonds en étaient très variables après chaque tempête.

La passe nord, semée de roches n'était que très rarement employée.

L'accès de la passe sud était facile du large, mais une fois engagé dedans, il fallait éviter plusieurs roches et longer la plage de très près et avec fort peu de fond; à mer basse il restait $0^m,60$ d'eau sur la barre et $2^m,10$ dans le chenal. Le ressac est très dur et les bancs se déplaçaient presque à chaque marée. Les gros temps commencent en octobre mais les plus mauvais viennent en janvier; on peut avoir une idée de la violence de la mer par ce fait que des pierres pesant plus de 10 kilogrammes ont été à certains moments lancées sur le toit du logement des gardiens du phare de Tillomook Rocks, à plus de 35 mètres au-dessus du niveau de la mer.

L'entrée de la baie est protégée par une série de roches submergées formant brisants, et recouvertes de 3 mètres d'eau à la basse mer. Ces récifs formaient une baie toute indiquée pour les jetées.

Yaquina City, située dans le fond de la baie, n'est qu'un petit établissement, mais c'est la tête de ligne de l'Orégon-Pacific Railroad; c'est ce qui donne une importance sérieuse à ce port qui prendra par la suite un grand développement. Les marées sont peu fortes, $2^m,10$ à la morte eau, 3 mètres à la pleine eau.

La côte du Pacifique présente dans ces régions un phénomène particulier, les hauteurs des marées décroissent en descendant vers le sud et croissent en montant au nord; les marées n'ont pas non plus la même hauteur, la périodicité est de 24 mètres, c'est-à-dire qu'une haute marée est suivie d'une marée un peu moins haute, puis d'une marée haute, de même pour les basses mers.

Les travaux ont commencé en 1880, confiés au major Gillespie du corps des ingénieurs militaires.

Les dépenses se sont élevées au total jusqu'en 1893 à 3.000,000 de francs, et il faudra encore au moins 1.000.000 pour le parachèvement.

Une étude très approfondie des fonds fut entreprise et les évaluations des dépenses s'élevèrent à 2.225.000 francs; le projet comprenait une courte jetée en bois remplie de pierres et destinée à diriger le courant en dehors des récifs de la passe sud.

La jetée, d'après le projet, devait atteindre la courbe de 2^m,10 et avoir 20 mètres de largeur à la base et 7 mètres en crête, elle devait dépasser de 0^m,60 le niveau des plus hautes mers.

Les difficultés étaient très grandes, accès difficile, durée variable, mais toujours restreinte des heures de travail, tout cela avait empêché de pouvoir traiter à forfait avec un entrepreneur.

Les premiers mois furent dépensés à préparer le travail, une carrière de grès à gros grains fut ouverte à 20 kilomètres de distance.

Après les premiers travaux faits au moyen de pontons, on reconnut qu'il était impossible d'opérer ainsi et une estacade en bois fut installée suivant l'axe de la jetée et une voie ferrée posée de la carrière au bout de l'estacade. Grâce à cette disposition il fut possible en tout temps de travailler à la jetée, les pierres étant apportées par des wagons remorqués par une locomotive; mais à l'origine la traction se faisait au moyen de mules.

Les crédits étant épuisés, il fallut suspendre le travail pendant un an. Mais comme la passe s'était déjà améliorée, les travaux furent repris dans la même direction.

Les travaux furent abandonnés et repris suivant les crédits; la jetée eut bientôt 700 mètres de longueur.

Nous signalerons parmi l'outillage une sonnette montée sur roue et tournante, ce qui lui permettait de battre des pieux sans perdre un temps précieux en installations (voir pl. 108).

Plus tard on reconnut qu'il y avait lieu de construire une jetée nord de 1.000 mètres.

Cette jetée fut construite de la même manière, avec une estacade en bois parcourue par une voie ferrée servant à supporter les enrochements.

A partir de 1889, les travaux reçurent une forte impulsion, et les deux jetées poussées avec vigueur, plus de 100.000 mètres cubes d'enrochements furent lancés; mais avant même l'achèvement des travaux, les résultats obtenus sont brillants, au lieu de 2^m,10 de tirant d'eau à mer basse, le chenal, facilement accessible, avait rapidement atteint 5^m,40.

L'outillage comprenait, en outre de celui de l'exploitation de la carrière, deux locomotives de 5 tonnes, 40 wagonnets de 8 tonnes de chargement, 8 treuils à vapeur, deux grues de 15 tonnes, 3 grues de 15 tonnes sur pontons, 14 chalands pour le transport des enrochements 1 sonnette tournante 1 embarcation à moteur à pétrole.

Nous donnons planche 108 les cartes des fonds de la baie avant et et après les travaux, ainsi que celles donnant la coupe des jetées une élévation de la sonnette tournante.

Travaux hydrauliques
Rectification d'embouchures, jetées, approfondissement des cours d'eau, etc., etc.

L'organisation politique des États-Unis est telle que les grands travaux publics sont laissés soit à l'initiative des Etats, soit à celle des villes, soit, et le plus généralement, à l'initiative privée. Cela n'a point comme on le sait entravé le prodigieux développement, et en général si on se trouve vis-à-vis de solutions moins académiques que celles des États centralisateurs et monarchiques d'Europe on constate en revanche une hardiesse, une variété dans les solutions, une économie dans les profils qui à bien ses avantages.

Cependant certains travaux incombent au gouvernement qui est secondé par le corps des ingénieurs militaires; corps savant et modeste qui a l'encontre de la règle un peu générale de l'autre côté de l'eau, travaille sans bruit, acceptant la tâche ingrate de faire les travaux utiles mais pas rémunérateurs qu'aucune Société ne veut entreprendre.

C'est surtout du côté des travaux hydrauliques que l'activité de ce corps a eu à se développer et l'exposition de Chicago présentait une série de modèles très intéressants qui étaient exposés dans le bâtiment spécial du gouvernement des États-Unis.

Nous allons en passer en revue quelques-uns des plus remarquables :

Travaux de rectification de l'embouchure de la rivière de Colombie

Ces travaux ont été dirigés par le major Thomas H. Handburg.

Il s'agissait de construire une jetée à l'embouchure de la rivière : jetée qui devait recevoir un tramway de service.

Les pieux avaient une grande hauteur : ils avaient de 16 à 25 mètres. Pour les enfoncer on les mettait en place, le mouton appuyé sur la tête, puis on injectait de l'eau à la pointe du pieux, cette eau arrivant sous une forte pression au moyen de deux tubes, il ne fallait que quatre minutes pour enfoncer un pilot de 13 mètres dans le sable, on est arrivé à construire 22 mètres de tramway par jour.

Les wagons qui servaient à apporter les pierres recevaient le chargement nécessaire au travail de toute la journée, Le matériel comprenait des wagons à bascule permettant à deux hommes de décharger 20 wagons en cinq minutes.

La rivière Colombia débouche dans l'Océan Pacifique entre le cap Disappointment et la pointe Adams; le premier cap est rocheux et s'élève à 70 mètres de hauteur, tandis que l'autre pointe est basse et sablonneuse. La ligne des fonds de 10 mètres est convexe vers la mer en dehors de la barre et est concave à 6 kilomètres en dedans.

Vers l'intérieur, la courbe des fonds de 10 mètres se relève vite et avant les travaux en cours, la ligne des plus grands fonds n'avait plus que de $0^m,60$ à 3 mètres d'eau, il y avait un chenal qui avait parfois 8 mètres de profondeur, mais il n'était jamais déterminé et variait après chaque coup de vent, souvent même il se produisait un second et même un troisième chenal.

Cette situation conduisait les villes de Portland et d'Astoria à demander au gouvernement général de procéder à des travaux d'amélioration, un comité fut nommé en 1882 et un projet élaboré. Le comité a été guidé dans l'étude du projet définitif par des observations relevées depuis 1792.

Le but poursuivi a été de déterminer, au moyen de jetées, la fixation du chenal, tout en opposant la moins grande résistance possible au flux de la marée et de maintenir le chenal à une profondeur moyenne de 10 mètres. Après avoir reconnu qu'une partie de la rivière n'avait pas bougé depuis quarante ans, on prit cette section comme base et on se proposa de la prolonger de 9 kilomètres au travers de la barre.

Le travail consiste en une jetée noyée ayant une direction un peu convexe vers le nord et ayant 7 mètres de longueur, elle est composée de blocs de basalte empilés sur un caisson coulé au préalable par parties, le caisson a 12 mètres de largeur et son épaisseur varie de $0^m,50$ à $1^m,50$ suivant la nature plus ou moins résistante du fond. Ce caisson, ou plutôt ce fascinage en petits éléments, est destiné à empêcher les blocs de basalte de s'enfoncer dans le sable. Le dessus de la jetée atteint le niveau moyen des eaux à mer basse, elle n'oppose donc aucune gêne au flot de la marée montante.

Le service du transport des matériaux se fait au moyen d'un tramway reposant sur des pilotis et à 8 mètres au-dessus des basses eaux, le tramway est à double voie de 0^m,91.

L'effet de la jetée est déjà très marqué, un chenal de 400 mètres et de 9 mètres s'est creusé, et le tonnage de la navigation qui était de 400.000 tonnes en 1882 est monté à 2.000.000 de tonnes en 1892.

Amélioration de l'East River et de Hell Gate, à New-York

East River est le nom donné à la rivière qui relie le port de New-York avec l'entrée de Long Island. Ce passage ne le cède en importance qu'à la passe de Sandy Hook, surtout depuis que le cabotage entre New-York et le Canada a pris une extension aussi grande. La passe de l'East River est contournée, étroite par place et semée de roches, de plus elle est parcourue par des courants violents.

Le point le plus dangereux était à l'endroit appelé Hell Gate, la porte de l'Enfer, à l'embouchure de l'Harlem River, le courant se partageait en cinq ou six bras, puis se précipitait à une vitesse variant de 2 à 8 nœuds sur les roches connues sous les noms de Reel, Shell, Drak, Pot-Rock, etc., etc., qui étaient au nombre de 23.

Avant 1867 les naufrages sur ces roches étaient journaliers, ces roches étaient ou au-dessus du niveau de l'eau ou même cachées, les courants les entouraient et en faisaient un endroit redouté à juste titre.

En 1867 on projeta de porter la profondeur à 8 mètres aux basses eaux, en enlevant les roches, puis à rectifier la passe au moyen de murs de quais reposant sur des roches favorablement disposées sur le bord de la passe, l'ensemble de la dépense dépassait 45.000.000 de francs. Les essais faits avant 1867 pour enlever les roches consistaient à faire sauter des mines simplement posées sur les rochers. Le résultat était si maigre qu'on prit la résolution de descendre en puits et galeries dans l'intérieur des roches et de les faire sauter en garnissant les excavations de poudre.

Le résultat fut très satisfaisant et de 1867 à 1876, et de 1875 à 1885, Hallets Point et le Flood Rock ont été enlevés ainsi. En même temps une perforatrice à vapeur était disposée sur un ponton de manière à attaquer les roches de moindre importance. Le ponton porte un puits central au travers duquel on vient attaquer la roche.

L'attaque de Hallets Point a été commencée en 1869 et s'est terminée par la mise à feu des mines, en septembre 1876.

Le rocher sur 100 mètres de diamètre n'était recouvert que de 4 mètres d'eau à basse mer, et on voulait doubler le tirant d'eau.

On commença par faire un batardeau de manière à pouvoir attaquer directement et à sec la roche. Du fond du puits on fit partir 9 galeries.

Les galeries principales ont $4^m,20$ de largeur, de 3 à 7 mètres de hauteur et 90 mètres de longueur en moyenne; elles étaient réunies les unes aux autres par des tunnels transversaux; le toit était soutenu par des piliers provenant du rocher, ces piliers furent ensuite recoupés de manière à ne plus laisser que 173 piliers de 3 mètres de côté, la longueur totale des galeries a atteint 2.500 mètres; le total du déblai atteignait 40.000 mètres cubes.

Les explosifs employés ont été les suivants :

Poudre de mine.	12.000 kil.
Nitroglycérine .	12.500 —
Grant powder	900 —
Poudre Mica	300 —
Poudre Vulcain.	2 000 —
Rend rock	700 —

63.000 étoupilles et 110.000 mètres de cordon Bicksford ont été employés et 75.000 coups de mines tirés.

Les mines étaient forées obliquement, on les chargeait avec bourrage. La roche abattue était transportée sur des wagonnets jusqu'en dessous du puits où un élévateur montait le wagon tout chargé.

Lorsque tout le travail fut terminé la charge suivante fut répartie en 4.427 trous de mines :

Rend rock	4.500 kil.
Poudre Vulcain.	5.500 —
Dynamite	14.500 —

L'explosion fut déterminée par l'électricité.

Les débris provenant de l'explosion de la mine furent dragués ultérieurement. Le total des dépenses s'est élevé à 6.000.000 de francs.

Le bateau porteur des perforatrices se composait, comme nous l'avons déjà dit, d'un chaland muni d'un moteur à vapeur, d'une chaudière et de divers appareils de levage. Le dispositif spécial consistait en une sorte de puits ménagé dans le bateau, ce puits portait une sorte de calotte au travers de laquelle passaient les fleurets perforateurs qui formaient l'outillage d'attaque. La calotte était descendue sur le fond et servait de guide aux fleurets, lorsque le bateau avait été ancré dans une position bien déterminée.

Les mines étaient chargées au scaphandre, elles étaient mises à feu par des étoupilles électriques, les trous étaient forés à 1^m,80 d'axe en axe les uns des autres; la charge de dynamite était de 25 à 30 kilogrammes par trou.

Les gros récifs, tels que le Flood Rook, furent enlevés par puits et galeries. C'était le seul moyen quand les dimensions dépassaient une certaine limite.

Dans le Flood Rook qui avait été beaucoup moins excavé que le Hallets Point, la charge des mines a été portée à 140.000 kilogrammes, répartis dans 12.561 trous.

Le mode employé pour obtenir l'explosion simultanée d'un aussi grand nombre de mines était très simple : on avait reconnu en effet qu'une explosion de dynamite de 5 kilogrammes déterminait l'explosion de toute charge de dynamite exposée à son action dans un certain rayon: des cartouches de 5 kilogrammes de dynamite furent réparties à 7^m,80 d'axe en axe, dans les galeries, seules ces cartouches, au nombre de 591, étaient munies d'étoupilles introduites dans le circuit. Le dragage enleva 294.000 tonnes de débris. Tout le travail de rectification du chenal à 300 mètres de largeur et 8^m,50 de tirant d'eau devait être terminé à la fin de 1894; mais, depuis, il a été décidé d'étendre le projet et de débarrasser les fonds d'une série de roches dangereuses, tout en prolongeant le chenal en remontant plus haut qu'il n'avait été prévu à l'origine.

Ces travaux délicats font le plus grand honneur au corps des ingénieurs, car loin d'avoir des dépassements dans les travaux, d'importantes économies ont été réalisées et ont permis l'extension de ceux-ci sans augmentation de crédits.

Amélioration de la rivière de Harlem

Les passes qui ont été l'objet de ces travaux d'améliorations comprennent la passe de l'Harlem River et celle de Spuyten Dayvil Crick qui se jettent dans l'Hudson River à 17 kilomètres de son embouchure, et les passes formant l'île de Manhattan. Ce sont des passes à marée.

La navigation, pour les bateaux à 2ᵐ,10 de tirant d'eau, ne dépassait pas High Bridge à 7 kilomètres de Hell Gate, les marées atteignent 1ᵐ,80 dans l'Harlem river et 0ᵐ,95 dans la rivière de Spuyter Dayvil.

Un projet déposé au Congrès en 1874 proposait de réunir les deux rivières au moyen d'un canal de 135 mètres de largeur et de 4ᵐ,50 de tirant d'eau. Dans la tranchée en rocher qu'il fallait prévoir, la largeur était réduite à 100 mètres et la profondeur portée à 5ᵐ,50.

Ce projet n'a reçu son exécution qu'en 1888, le seuil de rocher a été attaqué au moyen d'un batardeau, et le canal a été complété par des défenses de berges, soit en bois, soit en maçonnerie. Ces travaux représenteront une dépense totale de 15 à 18.000.000 de francs.

Amélioration du cours de l'Hudson

L'Hudson prend sa source dans quatre petits lacs dans l'Adirondack à 60 mètres au-dessus du niveau de la mer, l'ensemble de ces lacs représentant une surface de 3.000 hectares. Le bassin total de ce fleuve, y compris celui de son principal tributaire, le Moharok river représente 7.200 milles carrés.

On a construit à Troy un barrage qui marque la limite du bassin inférieur, le bassin à marée, et du bassin supérieur. Une écluse met en communication les deux bassins.

Le canal de l'Érié, avec son embranchement d'Oswego, possédant un tirant d'eau de 2ᵐ,10, reçoit les grands lacs avec l'Hudson river à Albany, le canal Champlain, de la même profondeur, réunit le Saint-Laurent à l'Hudson, mis également en communication avec le Delaware par le Delaware and Hudson Canal, ce dernier n'ayant que 1ᵐ,80 de tirant d'eau.

Le tonnage marchandises en 1890 a été sur les canaux de 3.600.000 tonnes et sur l'Hudson de 18.500.000 tonnes.

La hauteur moyenne des marées est de 0ᵐ,50 à Albany et 0ᵐ,28 à Troy.

De février à juillet et d'octobre jusqu'à la fermeture de la navigation, la rivière a des crues variant de 0ᵐ,25 à 0ᵐ,70 qui augmentent d'autant les conditions de navigabilité.

En aval de la ville d'Hudson, le tirant d'eau a toujours été de 6ᵐ,70, mais au-dessus, dans le lit d'amont, le tirant d'eau était limité à 2ᵐ,25 jusqu'à Albany et 1ᵐ,20 d'Albany à Troy.

Les obstacles que rencontre la navigation sont, soit des bancs rocheux, soit des bancs de sable. Les roches sont toutes localisées au-dessus d'Albany, auprès de Troy. Toutefois des roches isolées se rencontraient au-dessous d'Albany ne laissant que 2ᵐ,50 à 3 mètres de tirant d'eau.

Les roches tendres ont été draguées, les roches dures ont du être attaquées à la mine. Actuellement avec basses eaux, le tirant d'eau atteint 7 mètres sur les 160 premiers kilomètres, 3 mètres jusqu'à Albany et 2ᵐ,50 jusqu'à Troy.

Les travaux ont compris également des consolidations de berges, au moyen en général de pieux entretoisés, soit par des pièces de bois, soit par des fascines. Quand il s'agissait d'obstruer une fosse on a employé des jetées formées de pieux battus et l'enceinte était remplie d'enrochements.

Le département de la guerre exposait des modèles en relief des fonds de la rivière avant et après les opérations.

CHAPITRE VI

PHARES

Phare exposé par le gouvernement des Etats-Unis à l'Exposition de Chicago

(Planches 109 et 110)

Une des constructions les plus fréquentées de l'exposition a été sans contredit le palais du gouvernement des Etats-Unis et ses annexes. Entre ce palais, décrit dans la première partie de notre *Revue*, et le lac Michigan, étaient diverses expositions scientifiques et météréologiques, ainsi que plusieurs mortiers et canons de gros calibre, se détachant sur une très large pelouse. A l'extrémité de la jetée était l'exposition des phares.

Le phare que nous allons décrire est celui aujourd'hui en service sur la côte du New-Jersey, à Waackaak. La construction en est très intéressante, et est représentée en détail sur les planches n° 109 et 110.

L'ouvrage est entièrement en fer et repose sur des fondations en béton d'une épaisseur de $1^m,212$. La surface de la dernière assise présente $11^m,582$ de côté.

L'ensemble du phare est représenté par la figure 1; la figure 2 montre l'implantation des huit arbalétriers, aux sommets et aux milieux des côtés d'un carré de $8^m,534$ de côté. A chaque retombée l'épaisseur de béton est augmentée et celui-ci forme en réalité à cet endroit un véritable bloc spécial de $1^m,422$ de hauteur sur $1^m,829$ de largeur. L'ensemble des retombées est donné par la figure 4 en plan et par la figure 3 en coupe.

Les boulons d'ancrage de la fondation sous l'escalier central passent à travers une gaine en fonte à section carrée qui en fin de compte est elle-même remplie de béton.

La figure 16 représente les diverses retombées inférieures des arbalétriers.

Les entretoises horizontales telles que AA, AA sont fixées par des clavettes horizontales de 76×25, ces entretoises sont en fer rond de 76 millimètres celles horizontales également, mais dirigées suivant les diagonales du carré sont de même diamètre et maintenues par des clavettes verticales. Les retombées en fonte intéressent la maçonnerie par six boulons d'ancrage de 32 millimètres, l'épaisseur de la plaque à ces endroits, et de 41 millimètres. Les arbalétriers sont inclinés les uns à 80°46', les autres à 83°29'.

La disposition des manchons de réglage des tirants diagonaux est indiquée par les figures 18 et 19. Les dispositions d'emboîtement à la partie supérieure des arbalétriers, et aux niveaux des entretoisements horizontaux successifs sont représentées par les figures 13 et 14; les entretoisements sont composés de cylindres creux de 203 millimètres de diamètre extérieur et 152 millimètres de diamètre intérieur.

D'autres figures donnent les détails de l'escalier central et de la couverture de la lanterne supérieure.

Phare construit par le gouvernement des Etats-Unis au cap Charles (Virginie)
(Planche 111).

Ce phare, comme le précédent, a été construit par la « Russel Wheel and Foundry Company » de Détroit » (Michigan); un phare analogue est en ce moment en construction à Hog Island (Virginie), c'est donc le dernier type admis par le gouvernement des États-Unis, c'est en même temps celui qui présente la plus grande hauteur (53m,339 jusqu'à l'axe des miroirs).

Les arbalétriers, au nombre de huit, sont disposés aux sommets d'un octogone et s'appuient sur un tube central vertical. Ils sont reliés par des entretoises horizontales en fer creux à huit niveaux différents, les panneaux ainsi formés sont entretoisés transversalement par deux tiges diagonales.

Les fondations, en béton, reposent sur du sable dur, excellente fondation parce que à cet endroit il ne peut se produire d'affouillements. Le sable a une dureté telle, qu'il est impossible, avec une forte sonnette, de battre une tige de fer de 38 millimètres à une profondeur de plus de 1m,83.

Il nous a paru intéressant de donner un résumé des calculs de cette tour, et l'épure de stabilité correspondante. A cet effet on a divisé la hauteur en huit sections et déterminé pour chacun des tronçons ainsi formés, la valeur et la direction de la résultante des pressions. La pression de vent admise dans les calculs est de 293 kilogrammes par mètre carré de surface exposée. C'est celle de la circulaire ministérielle française.

PHARE CONSTRUIT PAR LE GOUVERNEMENT DES ETATS-UNIS, AU CAP CHARLES (Virginie).

Calculs de stabilité.

Désignation des Sections	Poids agissant sur la sect. (k)	Pression du vent sur la section (k)	Haut. du centre de pression au-dessus de la section (m)	Effort de renversement dans la section	Dist. du cent. de grav. de la section au point d'intersection de la résultante avec la sect. (m)	Carré du rayon de giration (m²)	Dist. de la fibre neutre au centre de grav. de la sect. (m)	Pression moyenne (k)	Distance de la fibre extrême au cent. de grav. de la sect. (m)	Distance au centre de gravité (m)	Compression maxima par mm² (k)	Compression totale (k)	Charge de sécurité par mm² (Coeffic. de sécurité = 6) (k)	Diamètre de l'arbalétrier (m)	Épaisseur nécessaire (m)	Tension maximum (k)	Section nécessaire (Coeffic. de sécurité = 5) (mm²)	Diamètre nécessaire (m)
I	72.310	16.230	7,468	171.800	1,676	0,00.44.29	2,642	0,93	2,972	1,499	1,98		3,42	0,178	0,019	1.270	181	0,019
II	86.500	23.200	9,855	228.600	2,565	0,00.66.99	2,616	1,02	3,658	1,829	2,46	29.390	3,44	0,203	0,019	5.440	740	0,019
III	111.460	31.000	12,497	387.400	3,430	0,00.97.61	2,794	0,98	3,420	2,210	2,52	42.280	3,69	0,229	0,021	10.100	1.438	0,035
IV	136.180	40.000	16,240	609.600	4,894	0,01.33.87	3,048	0,96	5,131	2,591	2,60	57.650	3,87	0,254	0,024	18.380	2.186	0,046
V	174.020	50.880	18,185	924.300	5,334	0,01.86.08	3,480	0,97	6,086	3,048	2,65	75.560	3,84	0,279	0,028	21.210	3.019	0,057
VI	218.430	63.530	21,463	1.363.500	6,248	0,02.47.61	3,962	1,01	7,036	3,520	2,79	96.550	3,79	0,305	0,033	27.980	3.979	0,065
VII	276.700	78.950	24,739	1.953.200	7,061	0,08.26.80	4,623	1,07	8,077	4,039	2,95	122.450	3,77	0,330	0,038	31.740		0,074
VIII	701.420	78 950	27,787	2.183.800	3,124	33.53.53.60	10,666	0,78 par cmq.	9,753	3,429	1,49 par cmq.						7.353	8 boulons de 0m,057

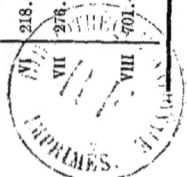

TABLE DES MATIÈRES

Paris. — Imprimerie E. BERNARD et Cie, 23, rue des Grands-Augustins.

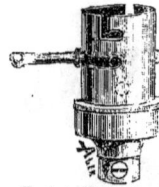

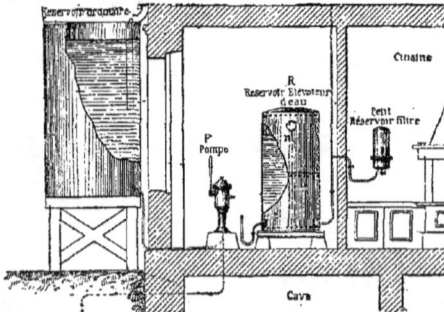

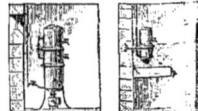

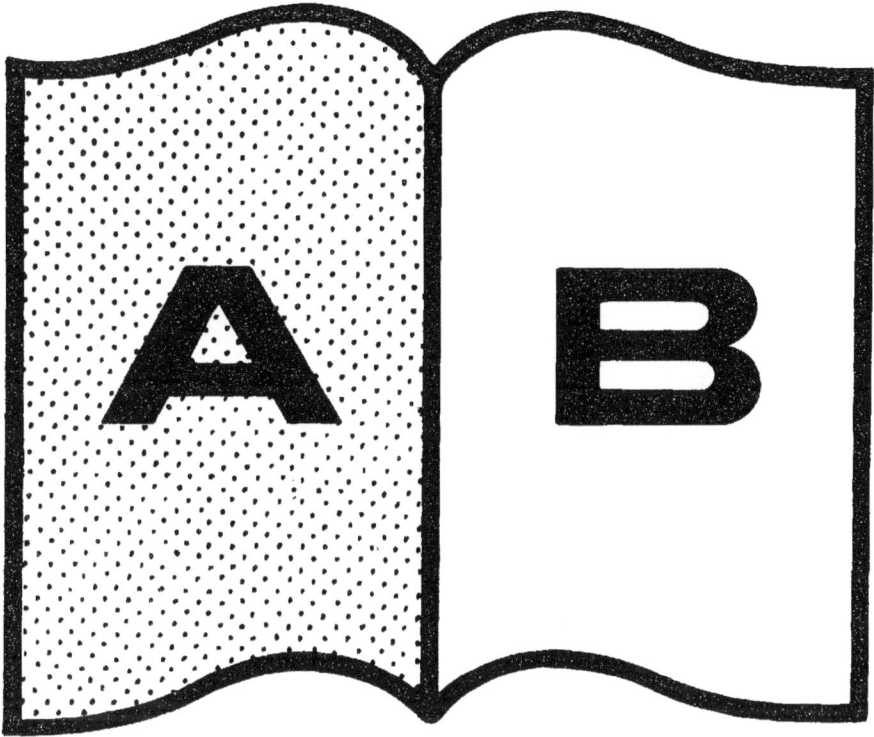

Contraste insuffisant

NF Z 43-120-14

www.ingramcontent.com/pod-product-compliance
Lightning Source LLC
Chambersburg PA
CBHW071639200326
41519CB00012BA/2347